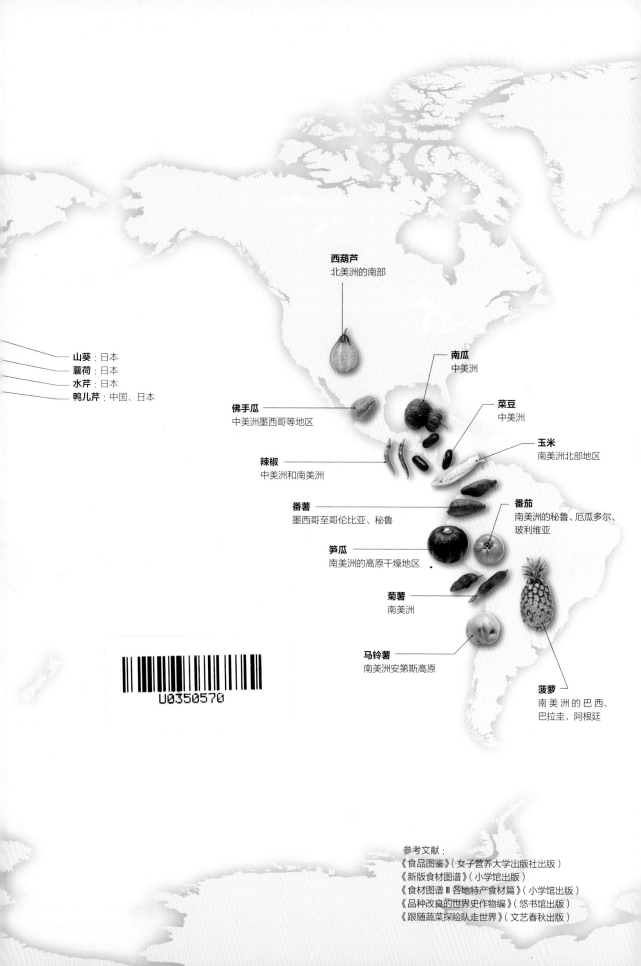

山葵：日本
蘘荷：日本
水芹：日本
鸭儿芹：中国、日本

西葫芦
北美洲的南部

南瓜
中美洲

菜豆
中美洲

佛手瓜
中美洲墨西哥等地区

玉米
南美洲北部地区

辣椒
中美洲和南美洲

番薯
墨西哥至哥伦比亚、秘鲁

番茄
南美洲的秘鲁、厄瓜多尔、
玻利维亚

笋瓜
南美洲的高原干燥地区

菊薯
南美洲

马铃薯
南美洲安第斯高原

菠萝
南美洲的巴西、
巴拉圭、阿根廷

U0350570

参考文献：
《食品图鉴》（女子营养大学出版社出版）
《新版食材图谱》（小学馆出版）
《食材图谱Ⅲ各地特产食材篇》（小学馆出版）
《品种改良的世界史作物编》（悠书馆出版）
《跟随蔬菜探险队走世界》（文艺春秋出版）

浪花朵朵

蔬菜的植物学

盛口满的手绘自然图鉴

[日]盛口满 文·图　杨媛 译

中国友谊出版公司

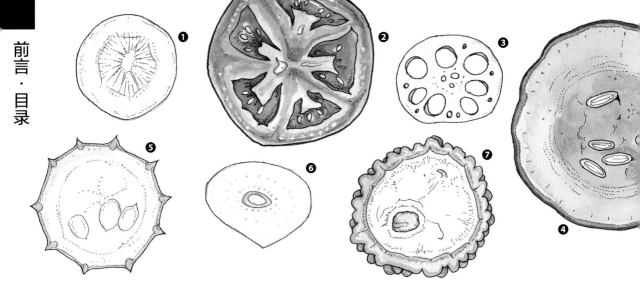

前言

　　家门口或校园里生长着的花草树木，你知道它们的名字吗？我猜，那些生长在路边的野草，也许从未吸引过你的目光吧？而且，即使某天你留意到了它们，你也很可能弄不清楚它们到底叫什么名字。在我们眼里，和甲虫、小狗、麻雀这些活生生的小动物相比，那些不会活动的植物总是静悄悄地生长在被我们忽略的角落。可是你知道吗？其实我们日常生活中的每一天，都和各种各样的植物密不可分呢！

　　可以这样说，我们每一天都要把一些植物放进嘴里吃掉。是的，你没有听错，因为那些端上餐桌的蔬菜也同属于植物呀！这样看来，我们其实知道不少植物的名字呢！比如番茄、胡萝卜、萝卜……但是，你真的了解蔬菜吗？在本书中，我想带着你们从植物学的视角去重新认识这些蔬菜。从新的视角出发，我们会发现什么呢？

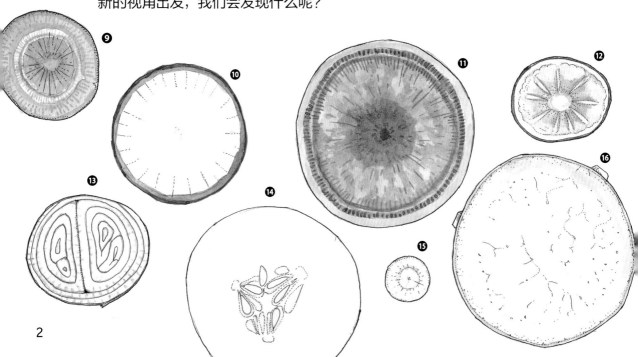

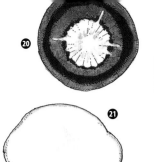
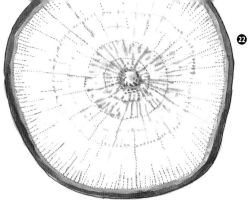
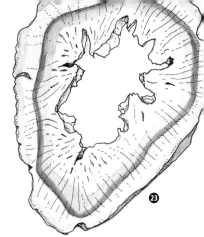

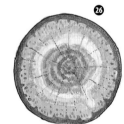

你吃过这些蔬菜吗

——蔬菜的剖面图

Q. 你知道这些图分别是哪些蔬菜的剖面吗？答案在第63页。

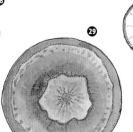

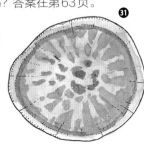
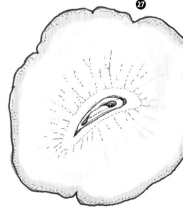

蔬菜花朵的比较

蔬菜中有许多不同的朋友圈，同处一个朋友圈的蔬菜就会戴上相似的花朵。

（在植物学中，同一个朋友圈的蔬菜就被归类为同一"科"。）

韭菜（石蒜科）

胡萝卜（伞形科）

迷你冲绳岛辣椒
（茄科）

香芹（伞形科）

红凤菜
（菊科）

番茄（茄科）

小茴香
（伞形科）

菠菜的雌花
（苋科）

罗勒（唇形科）

4

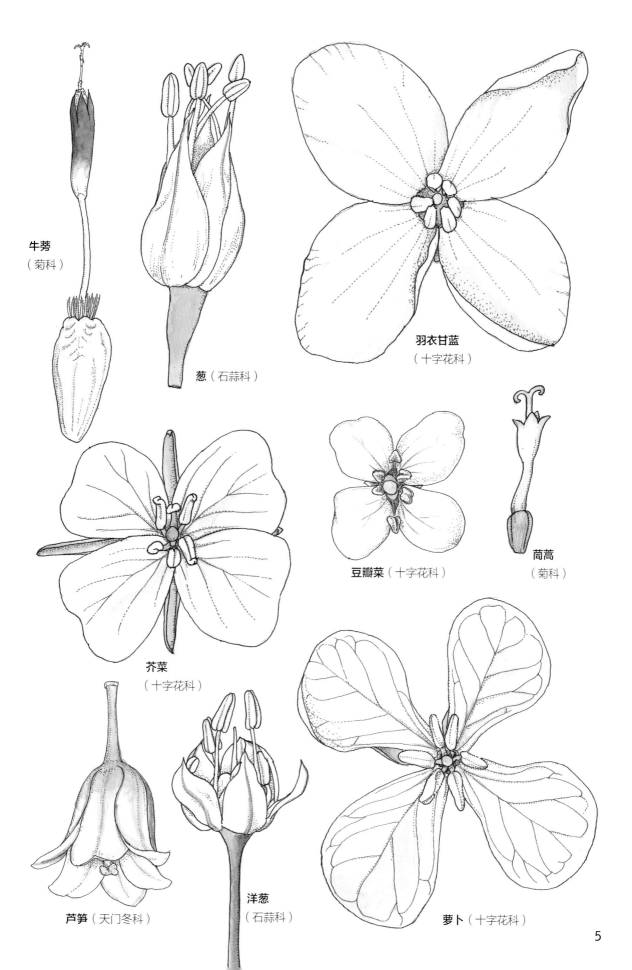

牛蒡
（菊科）

葱（石蒜科）

羽衣甘蓝
（十字花科）

豆瓣菜（十字花科）

茼蒿
（菊科）

芥菜
（十字花科）

芦笋（天门冬科）

洋葱
（石蒜科）

萝卜（十字花科）

5

菠萝也开花吗

你能想象菠萝开花的样子吗？

我们平常食用的部分就是菠萝开花后所结的果实。

其实，菠萝表面那些鳞片状的突起都是一个个的小果实。换句话说，菠萝开花时会有许多小花聚集在一起绽放。

所以，菠萝的"果实"其实是由许多小果实聚集在一起形成的，这才是关于菠萝果实的真相啊！

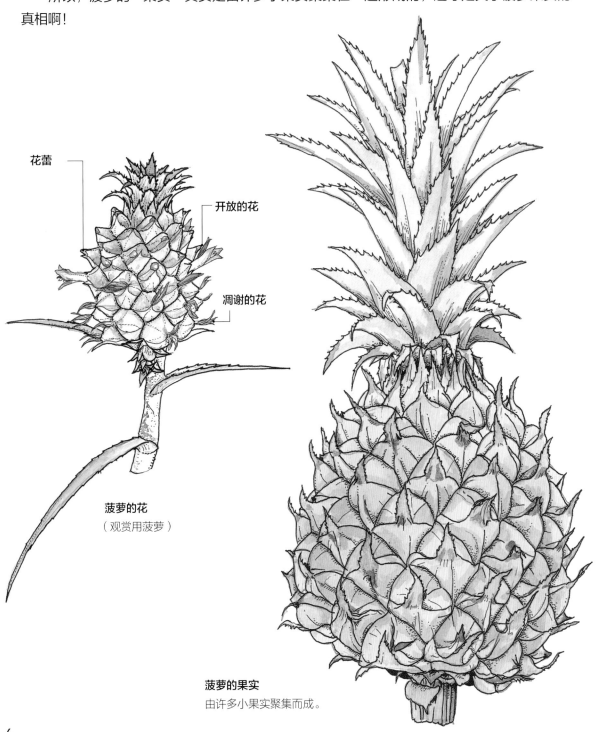

花蕾

开放的花

凋谢的花

菠萝的花

（观赏用菠萝）

菠萝的果实

由许多小果实聚集而成。

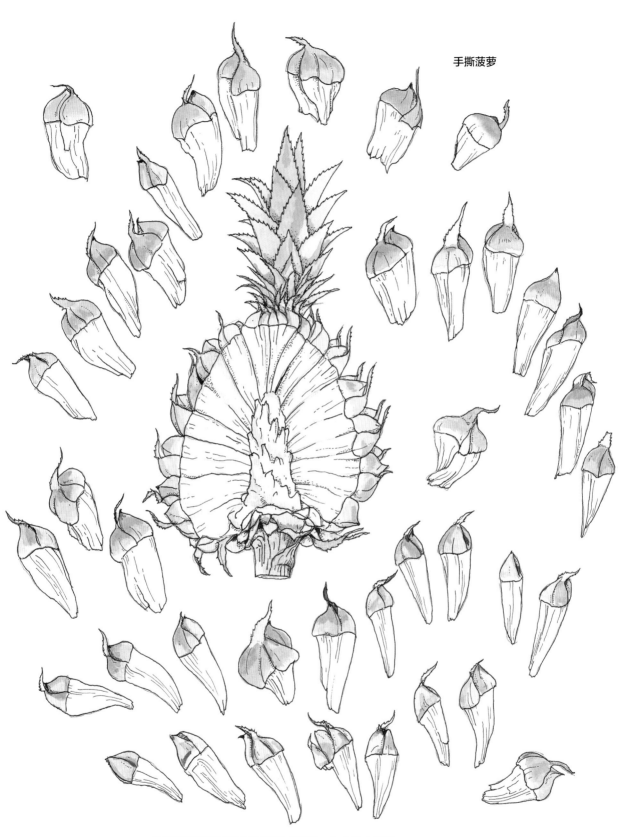

手撕菠萝

手撕菠萝的果实可以用手撕成这样一个个的小果实。

绿番茄

番茄开花后，很快就会结出小小的绿色果实。
这些绿色的小果实硬邦邦的，一点也不好吃。这是由于果实中的种子还没有成熟。
再过不久，种子成熟了，番茄就会变成红色，还会变得非常美味呢！

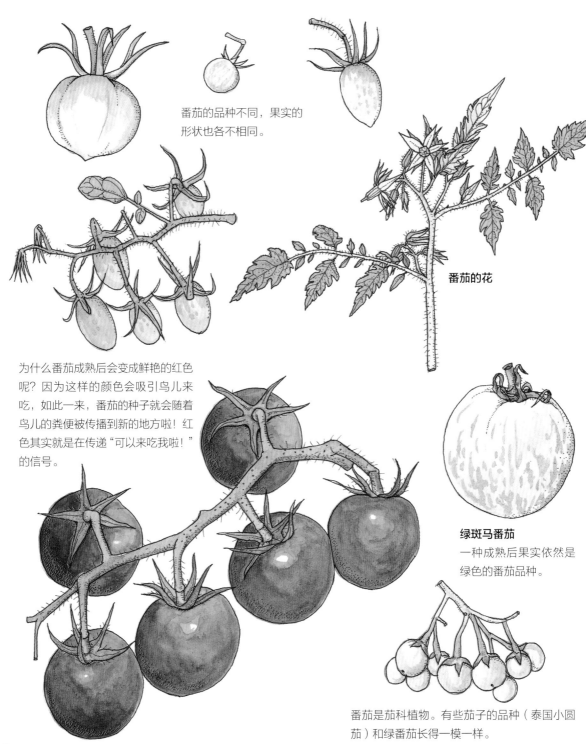

番茄的品种不同，果实的
形状也各不相同。

番茄的花

为什么番茄成熟后会变成鲜艳的红色
呢？因为这样的颜色会吸引鸟儿来
吃，如此一来，番茄的种子就会随着
鸟儿的粪便被传播到新的地方啦！红
色其实就是在传递"可以来吃我啦！"
的信号。

绿斑马番茄
一种成熟后果实依然是
绿色的番茄品种。

番茄是茄科植物。有些茄子的品种（泰国小圆
茄）和绿番茄长得一模一样。

马铃薯的花

马铃薯和番茄同属于茄科植物。因此，马铃薯的花也跟番茄或茄子的花非常相似。

由于人们对马铃薯进行了品种改良，所以开花后不再结果的马铃薯品种增多了。

有些马铃薯品种结出的果实非常多。

马铃薯的果实成熟之后也仍然是绿色的，而不会变红。是因为不想让小鸟吃才这样的吗？原来马铃薯的果实之中也藏有秘密啊！

马铃薯果实的剖面和番茄果实的剖面非常相似。

马铃薯（北海黄金）的果实

何时吃才合适呢

你喜欢吃苦瓜吗？

我们平时吃的苦瓜其实是还没有成熟的果实。长在田地里的苦瓜成熟以后会变成黄色，里面被红色的皮包裹着的种子也会淘气地探出头来。成熟的苦瓜变成这样显眼的颜色，是为了将种子更好地传播出去。它在发出"快来吃我！"的信号呢！

可是人们却专门选择吃又硬又苦的苦瓜呢！

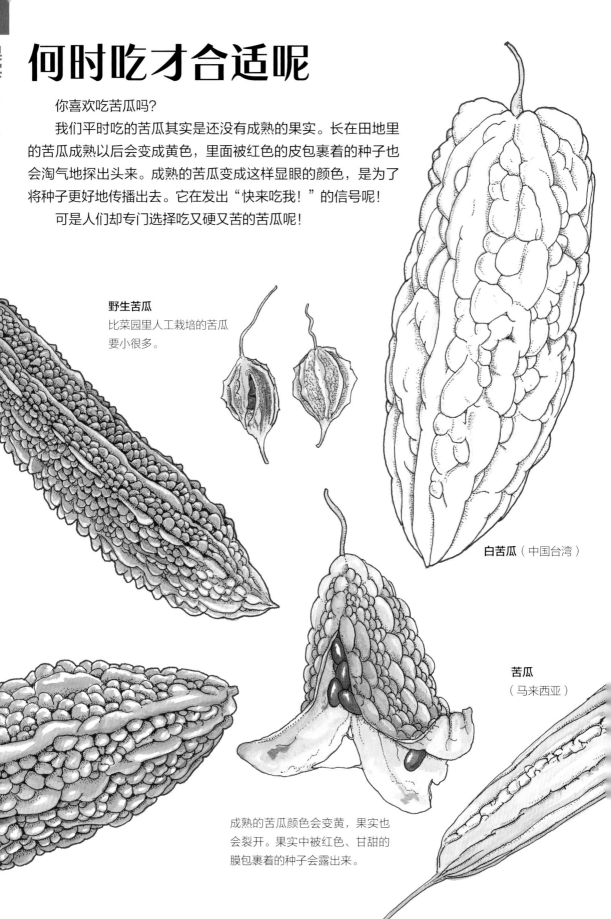

野生苦瓜
比菜园里人工栽培的苦瓜要小很多。

白苦瓜（中国台湾）

苦瓜
（马来西亚）

成熟的苦瓜颜色会变黄，果实也会裂开。果实中被红色、甘甜的膜包裹着的种子会露出来。

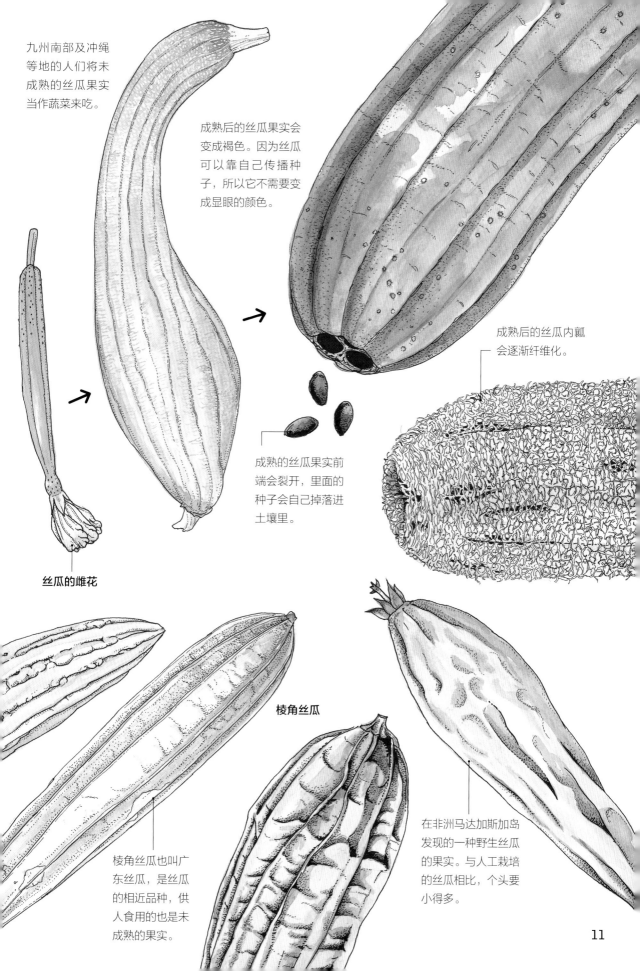

九州南部及冲绳
等地的人们将未
成熟的丝瓜果实
当作蔬菜来吃。

成熟后的丝瓜果实会
变成褐色。因为丝瓜
可以靠自己传播种
子，所以它不需要变
成显眼的颜色。

成熟后的丝瓜内瓤
会逐渐纤维化。

成熟的丝瓜果实前
端会裂开，里面的
种子会自己掉落进
土壤里。

丝瓜的雌花

棱角丝瓜

棱角丝瓜也叫广
东丝瓜，是丝瓜
的相近品种，供
人食用的也是未
成熟的果实。

在非洲马达加斯加岛
发现的一种野生丝瓜
的果实。与人工栽培
的丝瓜相比，个头要
小得多。

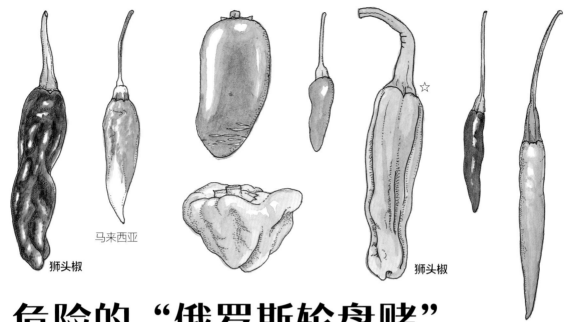

马来西亚

狮头椒

狮头椒

危险的"俄罗斯轮盘赌"

　　毫无疑问，辣椒的果实变成红色也是为了播种。既然如此，辣椒为什么还那么辣呢？这是因为，有些虫子或小动物即使吃了辣椒的果实或种子也无法帮辣椒传播种子，所以辣椒才会用辣味来吓走它们。而鸟儿吃辣椒果实时完全感觉不到辣味，因此鸟儿就可以毫无顾虑地帮助辣椒传播种子啦！

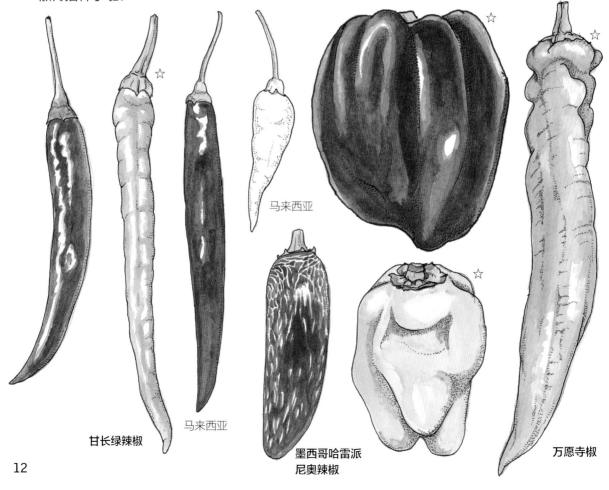

马来西亚

甘长绿辣椒

马来西亚

墨西哥哈雷派尼奥辣椒

万愿寺椒

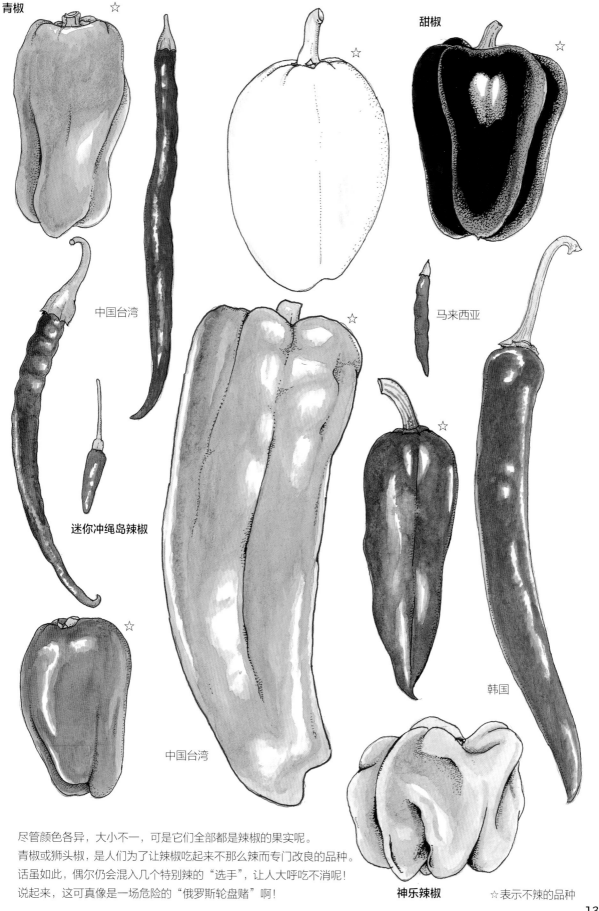

青椒 ☆

甜椒 ☆

☆

中国台湾

马来西亚

迷你冲绳岛辣椒

中国台湾

韩国

☆

神乐辣椒

尽管颜色各异，大小不一，可是它们全部都是辣椒的果实呢。
青椒或狮头椒，是人们为了让辣椒吃起来不那么辣而专门改良的品种。
话虽如此，偶尔仍会混入几个特别辣的"选手"，让人大呼吃不消呢！
说起来，这可真像是一场危险的"俄罗斯轮盘赌"啊！

☆表示不辣的品种

13

瞧，豆子的脸

　　把豆类植物的种子放大看看……哦，原来不同种类的豆子会有各式各样的表情，好像一张张不同的脸。

　　对植物的胚芽而言，种子就像是"便当盒"。个头越大的种子，里面藏着的"便当"也就相应地更多一些。

　　在黑暗中，豆子渐渐萌芽；豆芽依靠种子里的营养来生长。等豆芽"吃"光了"便当盒"里的所有"便当"以后，豆芽也就枯萎了。

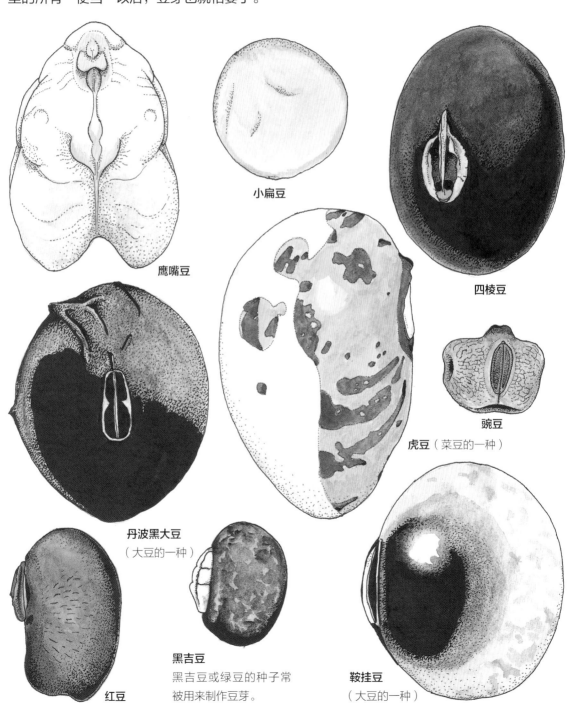

鹰嘴豆

小扁豆

四棱豆

豌豆

虎豆（菜豆的一种）

丹波黑大豆
（大豆的一种）

黑吉豆
黑吉豆或绿豆的种子常
被用来制作豆芽。

红豆

鞍挂豆
（大豆的一种）

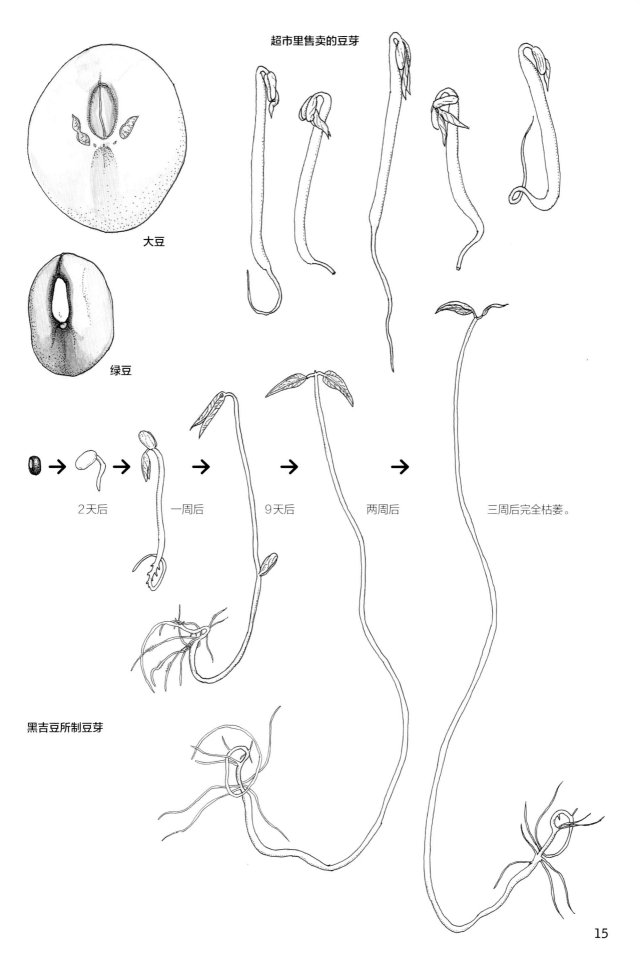

超市里售卖的豆芽

大豆

绿豆

2天后 → 一周后 → 9天后 → 两周后 → 三周后完全枯萎。

黑吉豆所制豆芽

15

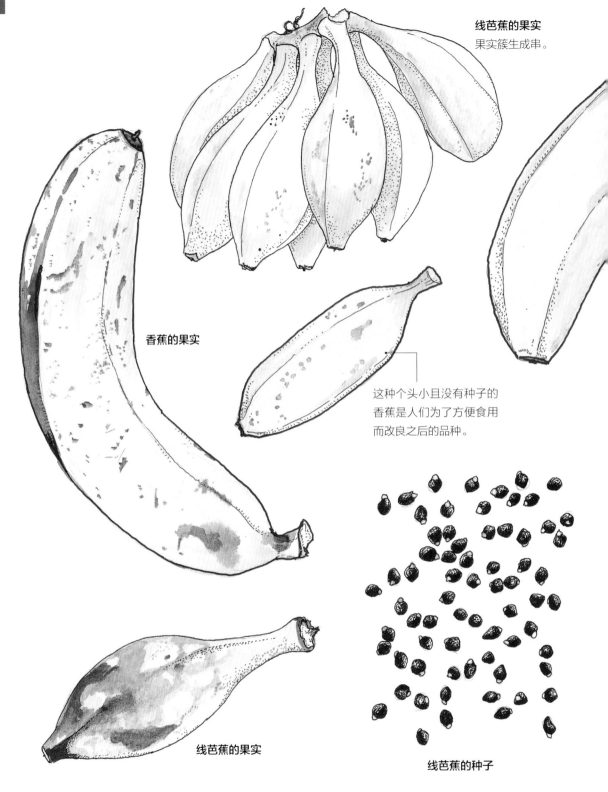

线芭蕉的果实
果实簇生成串。

香蕉的果实

这种个头小且没有种子的
香蕉是人们为了方便食用
而改良之后的品种。

线芭蕉的果实

线芭蕉的种子

在冲绳等一些地方种植着一种线芭蕉，它是香蕉的同类，人们种植它主要是为了从它的茎部提取纤维来制作芭蕉布。

据说，这种线芭蕉其实是香蕉的祖先之一（如今的香蕉来自各种野生香蕉）。

看到线芭蕉的果实，你就能想到它的种子在里面挤得有多么紧密。原来从前的香蕉就是这个样子啊！

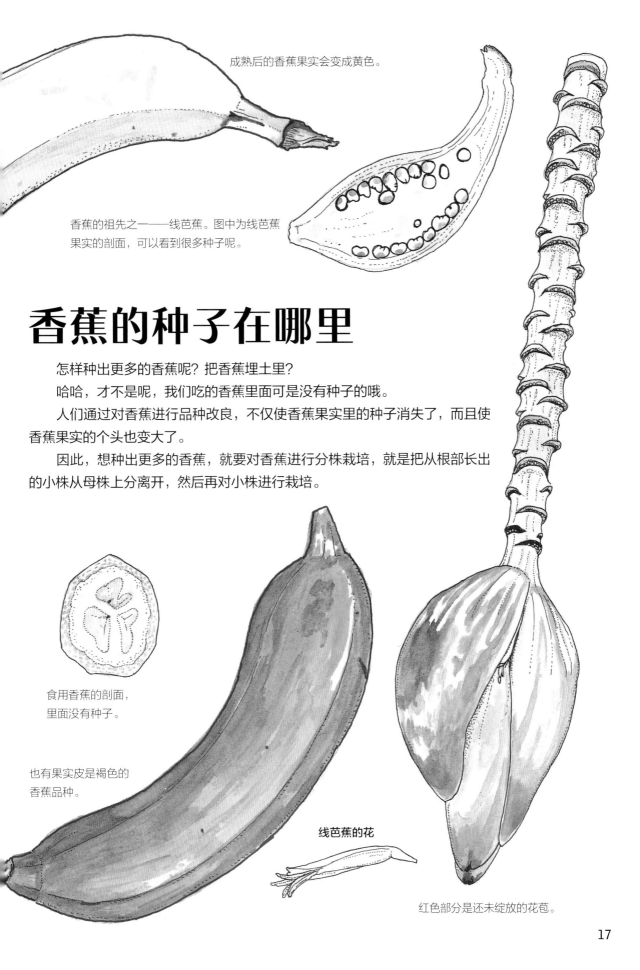

成熟后的香蕉果实会变成黄色。

香蕉的祖先之一——线芭蕉。图中为线芭蕉果实的剖面，可以看到很多种子呢。

香蕉的种子在哪里

怎样种出更多的香蕉呢？把香蕉埋土里？

哈哈，才不是呢，我们吃的香蕉里面可是没有种子的哦。

人们通过对香蕉进行品种改良，不仅使香蕉果实里的种子消失了，而且使香蕉果实的个头也变大了。

因此，想种出更多的香蕉，就要对香蕉进行分株栽培，就是把从根部长出的小株从母株上分离开，然后再对小株进行栽培。

食用香蕉的剖面，
里面没有种子。

也有果实皮是褐色的
香蕉品种。

线芭蕉的花

红色部分是还未绽放的花苞。

谁的种子有绒毛

有些植物的种子就像蒲公英的种子那样，长着绒毛，可以乘着风到处旅行。
让我们找找看，蔬菜的种子当中也有一些是长着绒毛的哦。

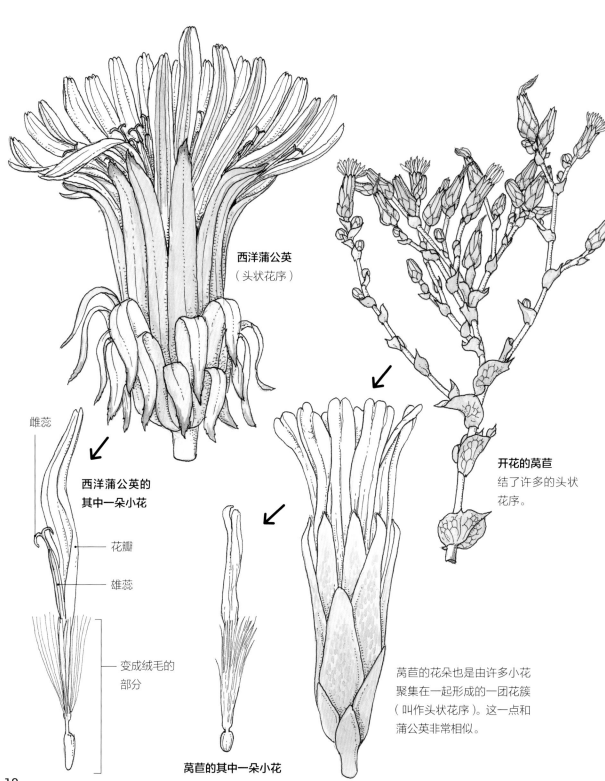

西洋蒲公英
（头状花序）

雌蕊

西洋蒲公英的
其中一朵小花

花瓣

雄蕊

变成绒毛的
部分

莴苣的其中一朵小花

开花的莴苣
结了许多的头状
花序。

莴苣的花朵也是由许多小花
聚集在一起形成的一团花簇
（叫作头状花序）。这一点和
蒲公英非常相似。

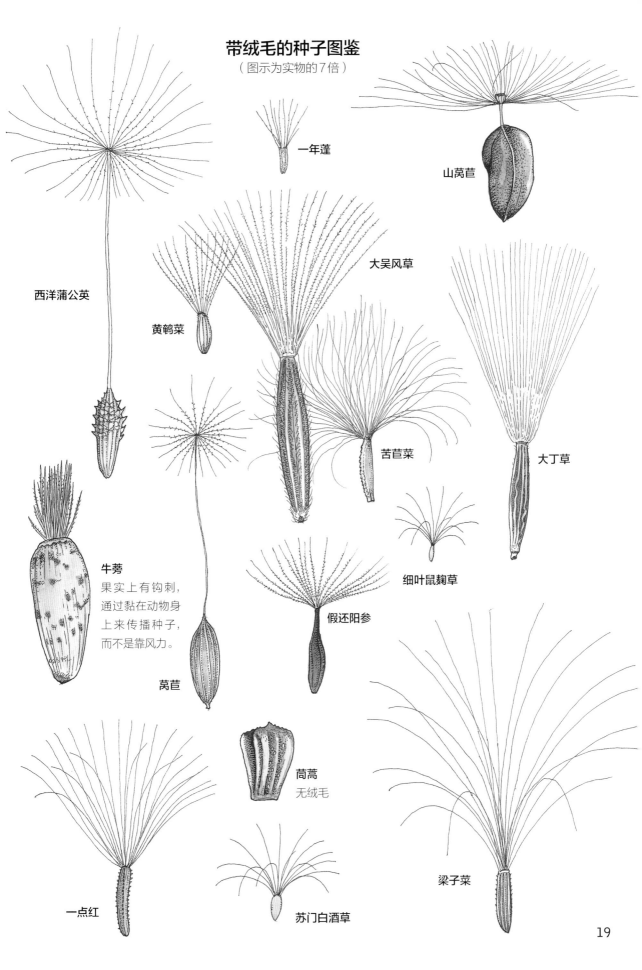

带绒毛的种子图鉴
（图示为实物的7倍）

一年蓬

山莴苣

西洋蒲公英

大吴风草

黄鹌菜

苦苣菜

大丁草

细叶鼠麴草

牛蒡
果实上有钩刺，
通过黏在动物身
上来传播种子，
而不是靠风力。

假还阳参

莴苣

茼蒿
无绒毛

一点红

苏门白酒草

梁子菜

19

变了形的叶子

我们吃的是洋葱的哪个部分呢？果实，球根，还是别的什么？

其实，我们吃的是由层层叶片聚集而成的圆球，即鳞茎。

在这些形状特别的叶子里，存储着营养和水分，可以帮助洋葱度过成长中的困难时期。

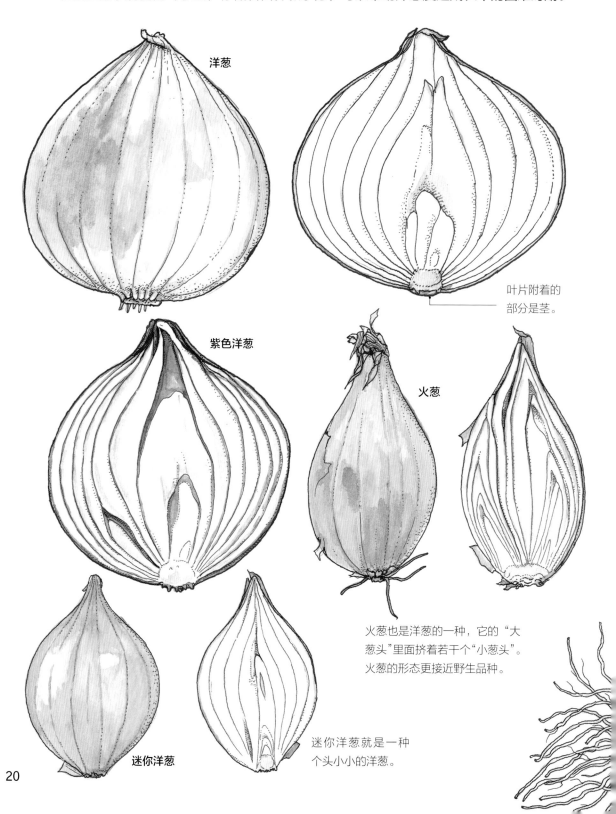

洋葱

叶片附着的
部分是茎。

紫色洋葱

火葱

火葱也是洋葱的一种，它的"大
葱头"里面挤着若干个"小葱头"。
火葱的形态更接近野生品种。

迷你洋葱

迷你洋葱就是一种
个头小小的洋葱。

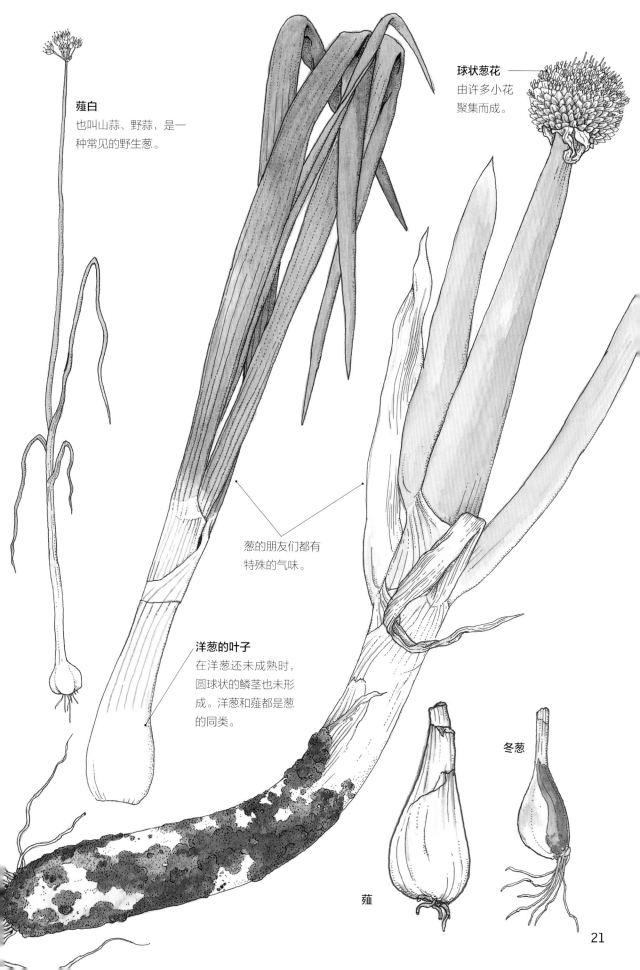

薤白
也叫山蒜、野蒜，是一种常见的野生葱。

球状葱花
由许多小花聚集而成。

葱的朋友们都有特殊的气味。

洋葱的叶子
在洋葱还未成熟时，圆球状的鳞茎也未形成。洋葱和薤都是葱的同类。

薤

冬葱

21

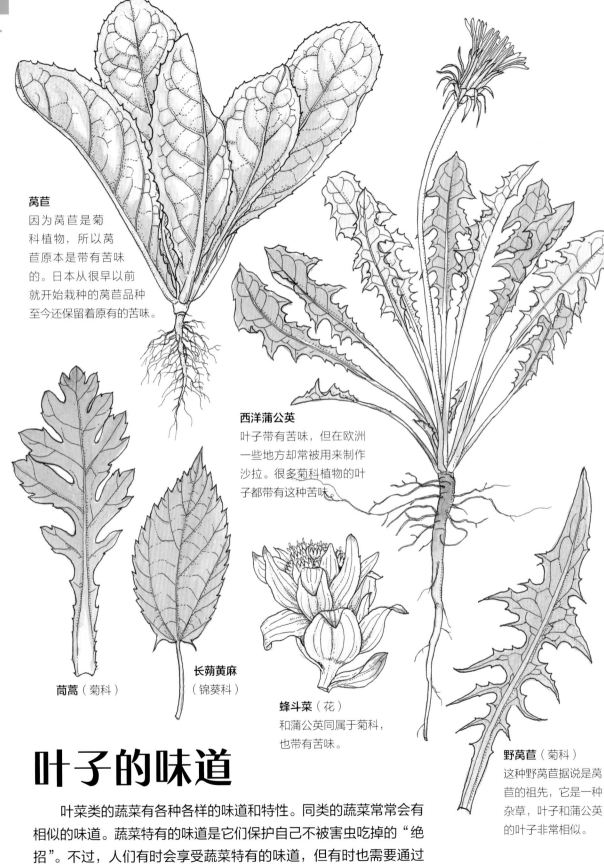

莴苣

因为莴苣是菊科植物，所以莴苣原本是带有苦味的。日本从很早以前就开始栽种的莴苣品种至今还保留着原有的苦味。

西洋蒲公英

叶子带有苦味，但在欧洲一些地方却常被用来制作沙拉。很多菊科植物的叶子都带有这种苦味。

茼蒿（菊科）

长蒴黄麻
（锦葵科）

蜂斗菜（花）
和蒲公英同属于菊科，也带有苦味。

野莴苣（菊科）
这种野莴苣据说是莴苣的祖先，它是一种杂草，叶子和蒲公英的叶子非常相似。

叶子的味道

　　叶菜类的蔬菜有各种各样的味道和特性。同类的蔬菜常常会有相似的味道。蔬菜特有的味道是它们保护自己不被害虫吃掉的"绝招"。不过，人们有时会享受蔬菜特有的味道，但有时也需要通过品种改良或烹调来消除蔬菜特有的味道。

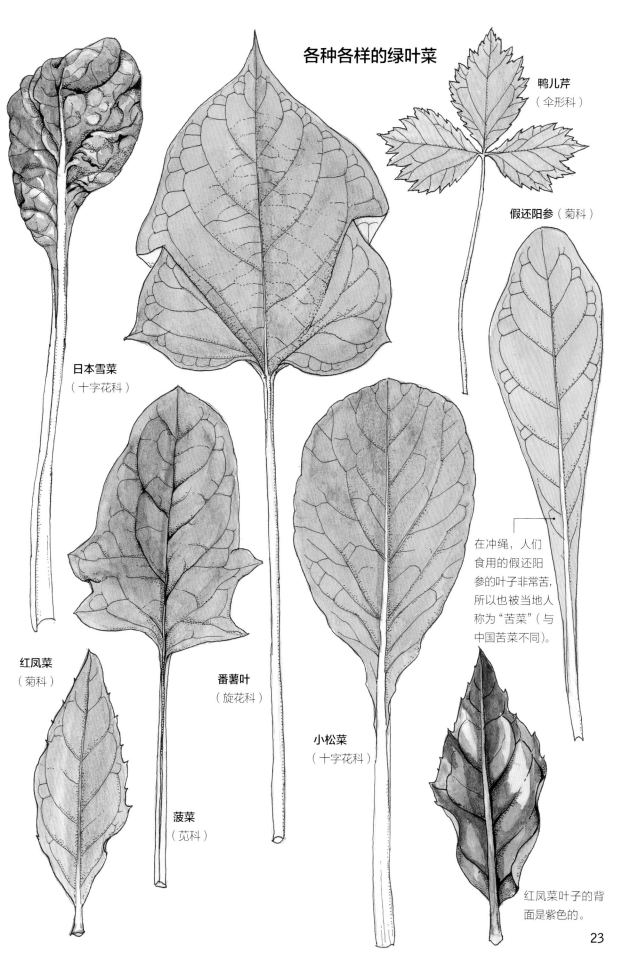

各种各样的绿叶菜

鸭儿芹
（伞形科）

假还阳参（菊科）

日本雪菜
（十字花科）

在冲绳，人们
食用的假还阳
参的叶子非常苦，
所以也被当地人
称为"苦菜"（与
中国苦菜不同）。

红凤菜
（菊科）

番薯叶
（旋花科）

小松菜
（十字花科）

菠菜
（苋科）

红凤菜叶子的背
面是紫色的。

23

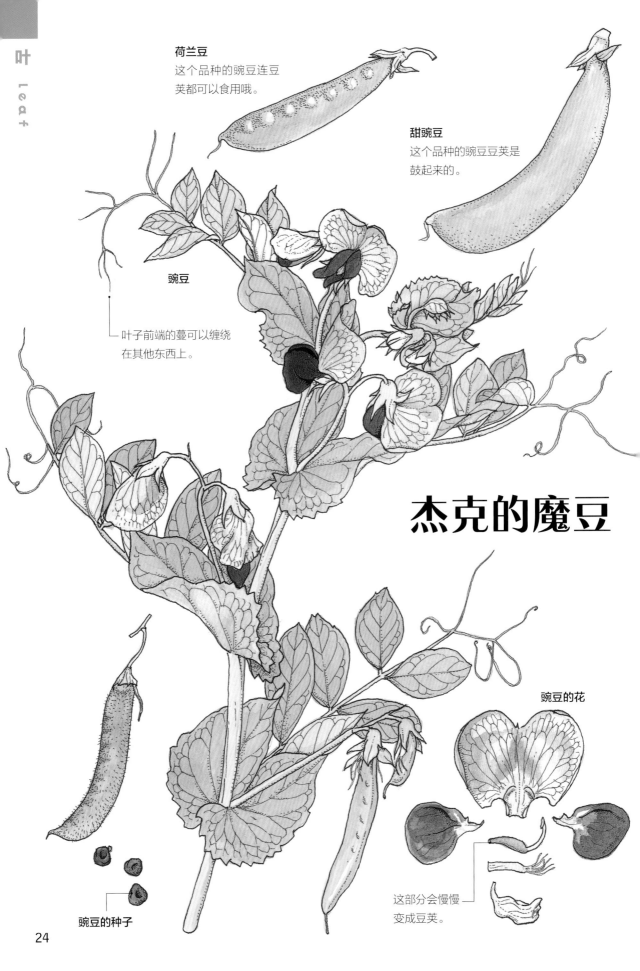

叶 Leaf

荷兰豆
这个品种的豌豆连豆
荚都可以食用哦。

甜豌豆
这个品种的豌豆豆荚是
鼓起来的。

豌豆

叶子前端的蔓可以缠绕
在其他东西上。

杰克的魔豆

豌豆的花

豌豆的种子

这部分会慢慢
变成豆荚。

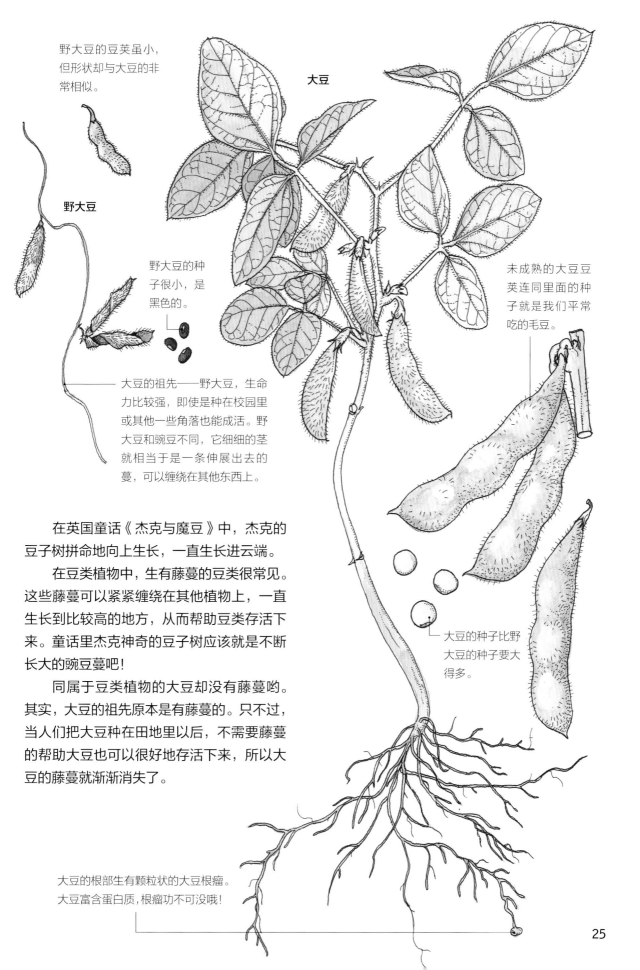

野大豆的豆荚虽小，但形状却与大豆的非常相似。

大豆

野大豆

野大豆的种子很小，是黑色的。

大豆的祖先——野大豆，生命力比较强，即使是种在校园里或其他一些角落也能成活。野大豆和豌豆不同，它细细的茎就相当于是一条伸展出去的蔓，可以缠绕在其他东西上。

未成熟的大豆豆荚连同里面的种子就是我们平常吃的毛豆。

大豆的种子比野大豆的种子要大得多。

在英国童话《杰克与魔豆》中，杰克的豆子树拼命地向上生长，一直生长进云端。

在豆类植物中，生有藤蔓的豆类很常见。这些藤蔓可以紧紧缠绕在其他植物上，一直生长到比较高的地方，从而帮助豆类存活下来。童话里杰克神奇的豆子树应该就是不断长大的豌豆蔓吧！

同属于豆类植物的大豆却没有藤蔓哟。其实，大豆的祖先原本是有藤蔓的。只不过，当人们把大豆种在田地里以后，不需要藤蔓的帮助大豆也可以很好地存活下来，所以大豆的藤蔓就渐渐消失了。

大豆的根部生有颗粒状的大豆根瘤。大豆富含蛋白质，根瘤功不可没哦！

长在空中的马铃薯

有一次，我把马铃薯放在了水池下面的柜子里，之后便忘了这回事。半年后的一天，当我发现这个马铃薯的时候，它的样子着实让我大吃一惊：它身上长出的芽就像豆芽一样，细弱却茁壮地伸展出老长一截，上面还零星地长着一些小马铃薯。

其实，马铃薯的"薯"是它横向生长的地下茎顶端不断膨大形成的。

这样说来，在黑暗的柜子里生长出的马铃薯茎，一定是产生了自己被埋在地里的错觉，所以才结出了小马铃薯啊！

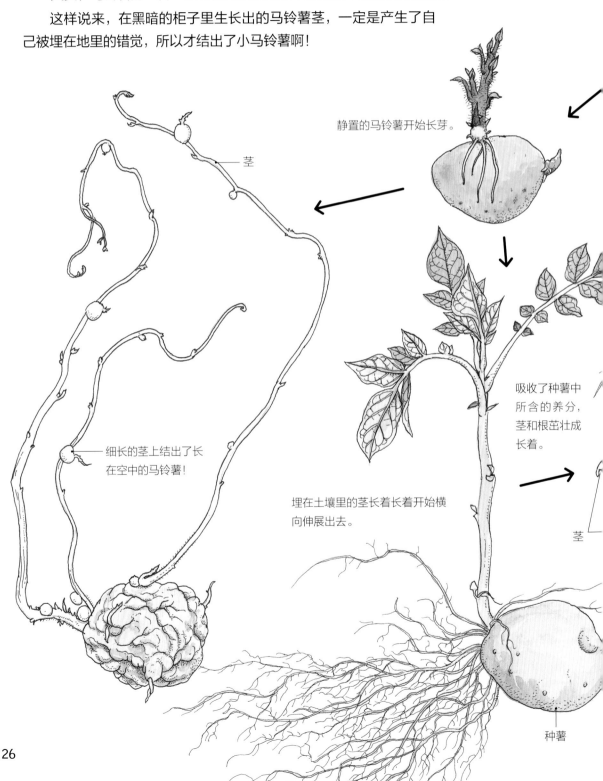

静置的马铃薯开始长芽。

茎

细长的茎上结出了长在空中的马铃薯！

吸收了种薯中所含的养分，茎和根茁壮成长着。

埋在土壤里的茎长着长着开始横向伸展出去。

茎

种薯

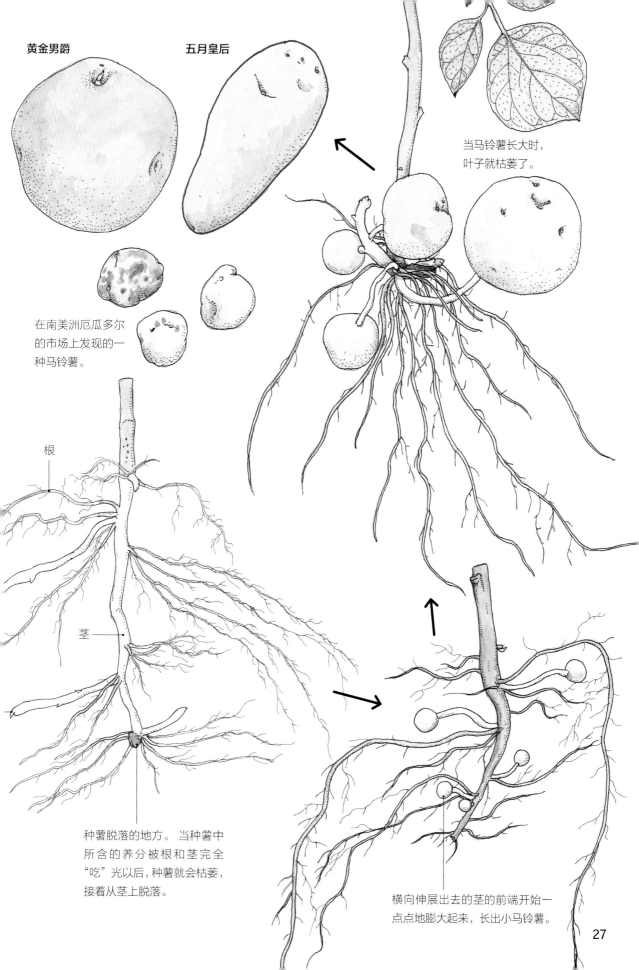

黄金男爵　　　　五月皇后

在南美洲厄瓜多尔
的市场上发现的一
种马铃薯。

当马铃薯长大时，
叶子就枯萎了。

根

茎

种薯脱落的地方。 当种薯中
所含的养分被根和茎完全
"吃"光以后，种薯就会枯萎，
接着从茎上脱落。

横向伸展出去的茎的前端开始一
点点地膨大起来，长出小马铃薯。

27

甘露子的"真面目"

　　小时候，每年新年时的传统年菜"黑豆煮"*里都会有红色的甘露子。对那时的我来说，这种红红的食物简直是神奇得不得了。

　　长大以后，我终于看到了甘露子的"真面目"。原来甘露子也是薯类植物的小伙伴，它长得就像是某种吃薯类植物叶子的小虫子。"黑豆煮"中的甘露子吃起来虽然"咔嚓"作响、口感松脆，但煮熟后就变得和一般的薯类食物一样绵软。

　　所谓的"薯"，指的是植物在土壤中储存有大量淀粉的那个部分。有很多种植物可以用"薯"来储存淀粉，所以我们把这些植物统称为"薯类植物"。

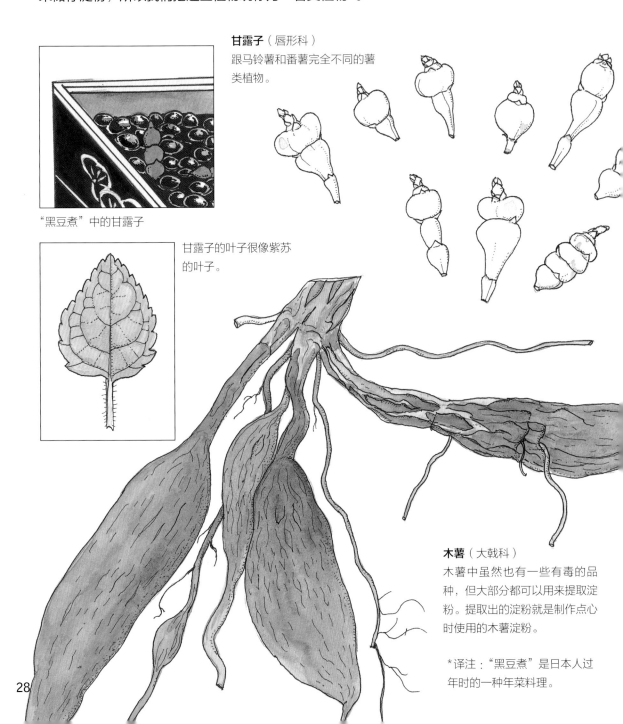

甘露子（唇形科）
跟马铃薯和番薯完全不同的薯类植物。

"黑豆煮"中的甘露子

甘露子的叶子很像紫苏的叶子。

木薯（大戟科）
木薯中虽然也有一些有毒的品种，但大部分都可以用来提取淀粉。提取出的淀粉就是制作点心时使用的木薯淀粉。

*译注："黑豆煮"是日本人过年时的一种年菜料理。

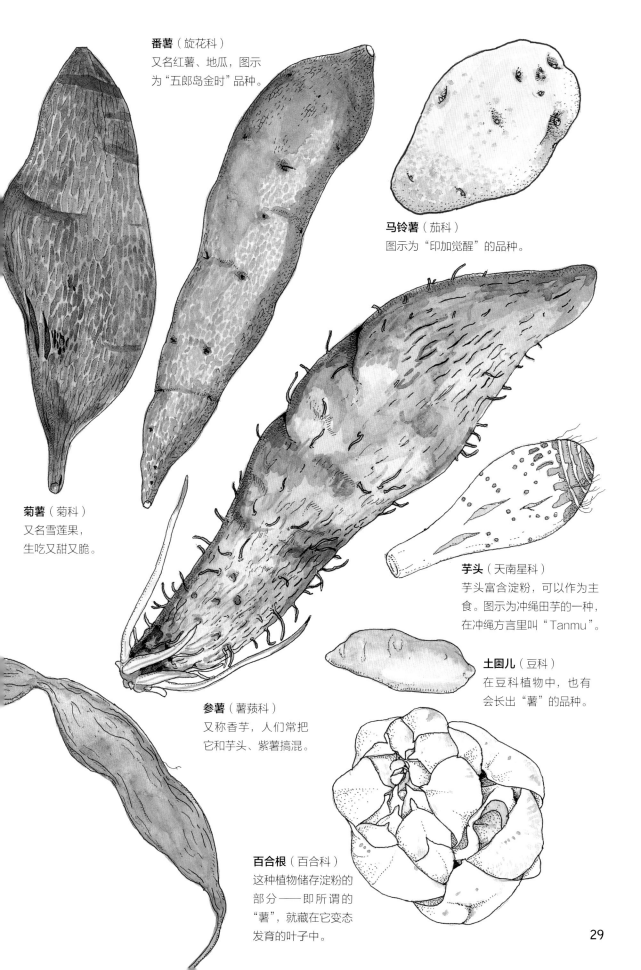

番薯（旋花科）
又名红薯、地瓜，图示
为"五郎岛金时"品种。

马铃薯（茄科）
图示为"印加觉醒"的品种。

菊薯（菊科）
又名雪莲果，
生吃又甜又脆。

芋头（天南星科）
芋头富含淀粉，可以作为主
食。图示为冲绳田芋的一种，
在冲绳方言里叫"Tanmu"。

土园儿（豆科）
在豆科植物中，也有
会长出"薯"的品种。

参薯（薯蓣科）
又称香芋，人们常把
它和芋头、紫薯搞混。

百合根（百合科）
这种植物储存淀粉的
部分——即所谓的
"薯"，就藏在它变态
发育的叶子中。

29

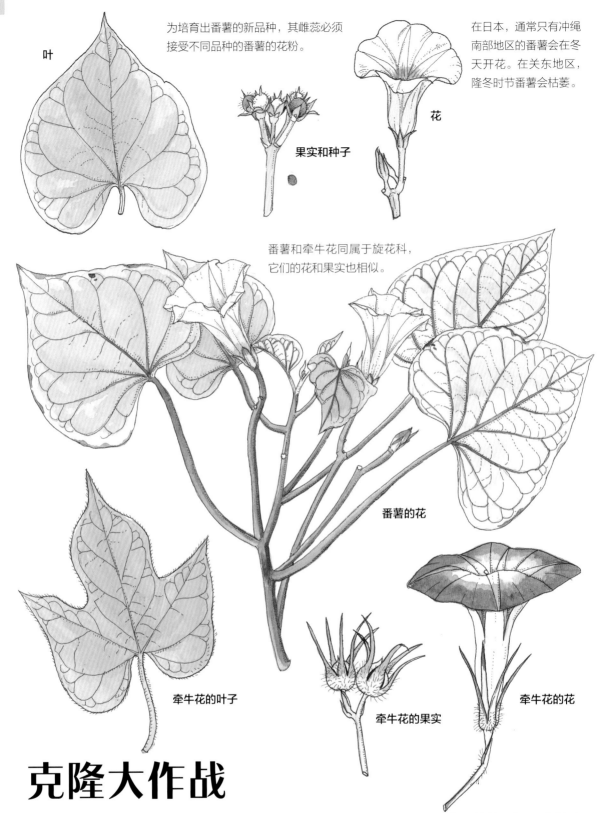

叶

为培育出番薯的新品种，其雌蕊必须
接受不同品种的番薯的花粉。

在日本，通常只有冲绳
南部地区的番薯会在冬
天开花。在关东地区，
隆冬时节番薯会枯萎。

花

果实和种子

番薯和牵牛花同属于旋花科，
它们的花和果实也相似。

番薯的花

牵牛花的叶子

牵牛花的果实

牵牛花的花

克隆大作战

　　平常栽种番薯时，我们主要是栽种块根上长出的薯苗。这样一来，薯苗就等于把原来的番薯块根的性状全部复制了过来，就好像克隆一样。

　　当然，想要大量生产有优良性状的番薯时，完全可以采用这样的方法。

　　不过，如果想培育出具有多种性状的后代，那就必须以授粉的方式培育新的种子了。

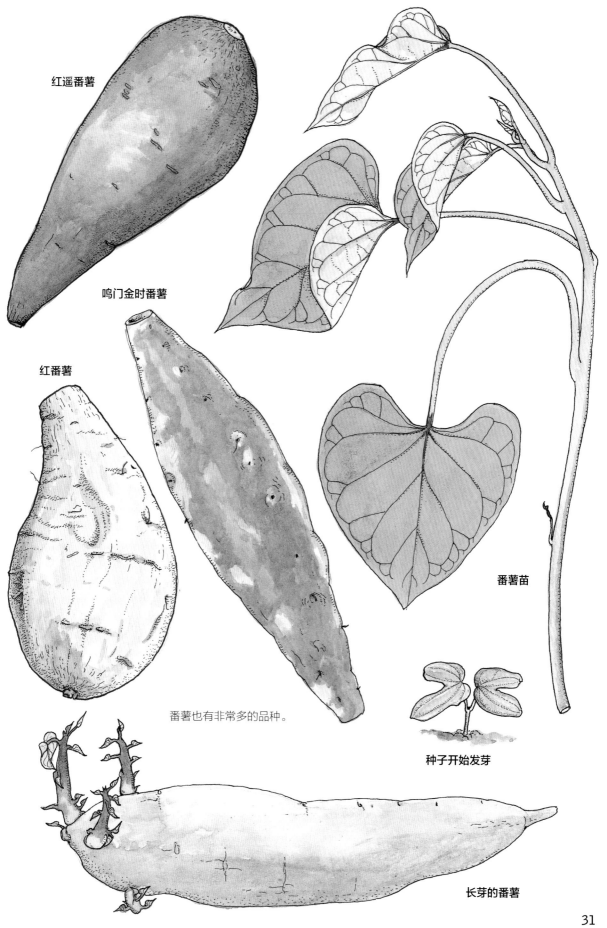

红遥番薯

鸣门金时番薯

红番薯

番薯苗

番薯也有非常多的品种。

种子开始发芽

长芽的番薯

黄瓜家族

看，这些圆的、粗的、细的，白色的、褐色的、斑纹的、豹纹的果实，都是黄瓜家族的成员呢！

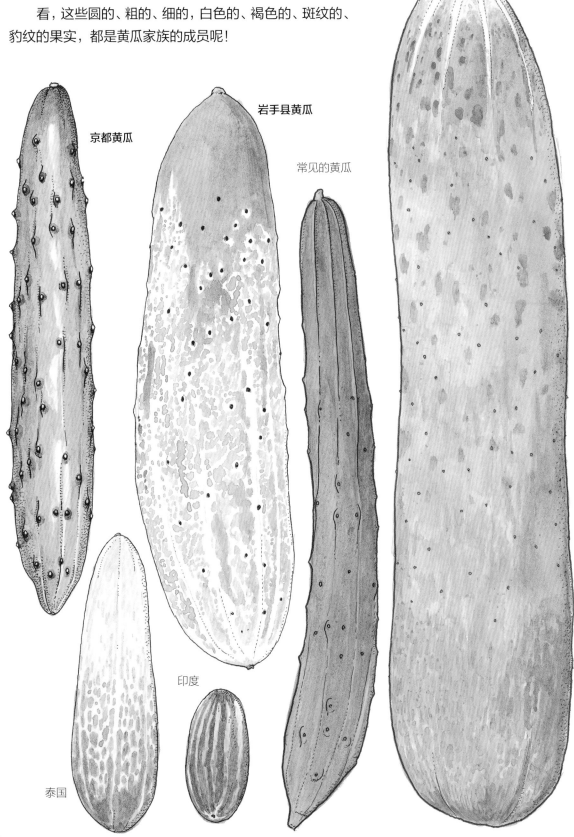

中国台湾

京都黄瓜

岩手县黄瓜

常见的黄瓜

泰国

印度

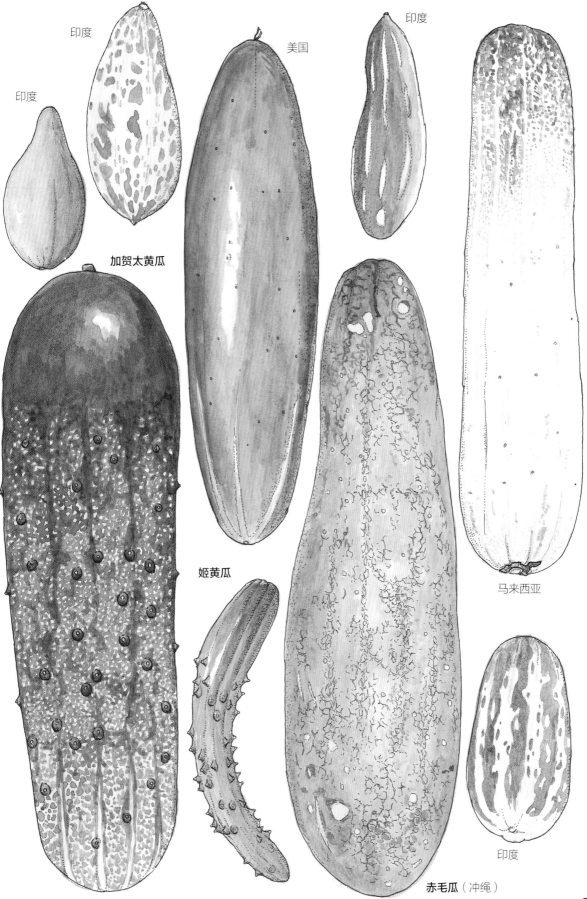

印度

印度

印度

美国

印度

加贺太黄瓜

姬黄瓜

马来西亚

赤毛瓜（冲绳）

印度

33

甘蓝的七重变化（一）

什么是蔬菜的品种呢？这要从头说起。

我们知道，蔬菜在很早以前其实都是野生植物。最初，人们吃的就是这些野生植物。慢慢地，人们开始学着把这些能吃的植物种在自己的身边并且细心地栽培它们。在栽培过程中，人们渐渐发现，即使种植的是相同的植物，它也会表现出不同的性状。于是，人们便从中挑选出具有更优秀性状的植物，再对它们进行栽培。在这样不断继承与发展的过程中，植物渐渐地发生了改变，无论是外观还是特性都和野生时期大不相同了。

就这样，经过了漫长的岁月，同一种野生植物演化出了多种形态各异的蔬菜。这些由同一祖先所衍生出的不同性状的蔬菜就被我们归类为同一品种。

芥蓝
芥蓝和羽衣甘蓝一样，不再有甘蓝那样的圆形叶片。一般被人们炒来吃。

羽衣甘蓝的果实

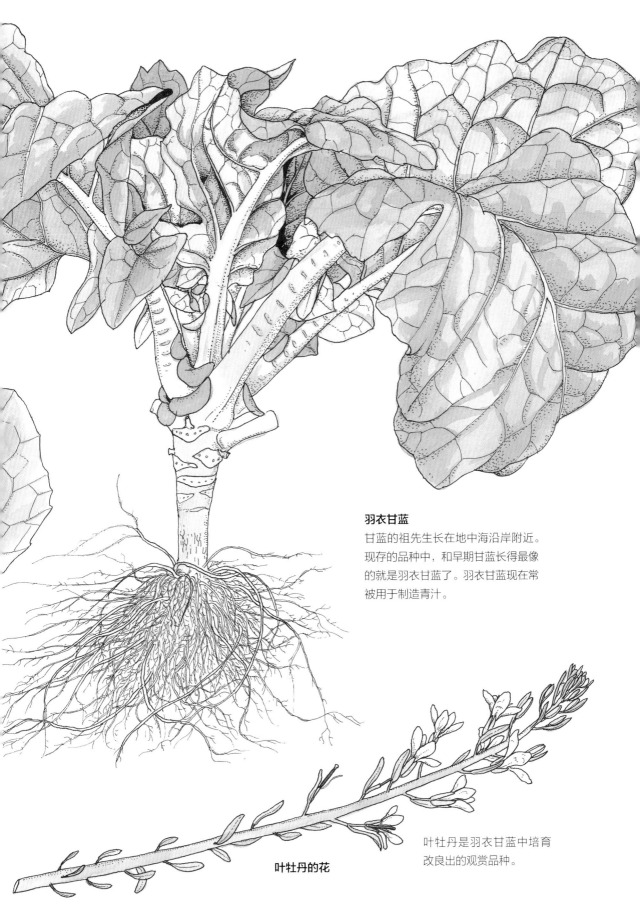

羽衣甘蓝

甘蓝的祖先生长在地中海沿岸附近。现存的品种中，和早期甘蓝长得最像的就是羽衣甘蓝了。羽衣甘蓝现在常被用于制造青汁。

叶牡丹是羽衣甘蓝中培育改良出的观赏品种。

叶牡丹的花

甘蓝的七重变化（二）

抱子甘蓝
抱子甘蓝长茎上长出的腋
芽可以形成许多小叶球。

甘蓝的祖先在进化中首先变成了羽衣甘蓝的样子，慢慢地，叶子也变成了圆形。最终，进化成了今天我们熟悉的甘蓝的样子。

花椰菜、西蓝花、甘蓝都是由同一个祖先进化而来的蔬菜。

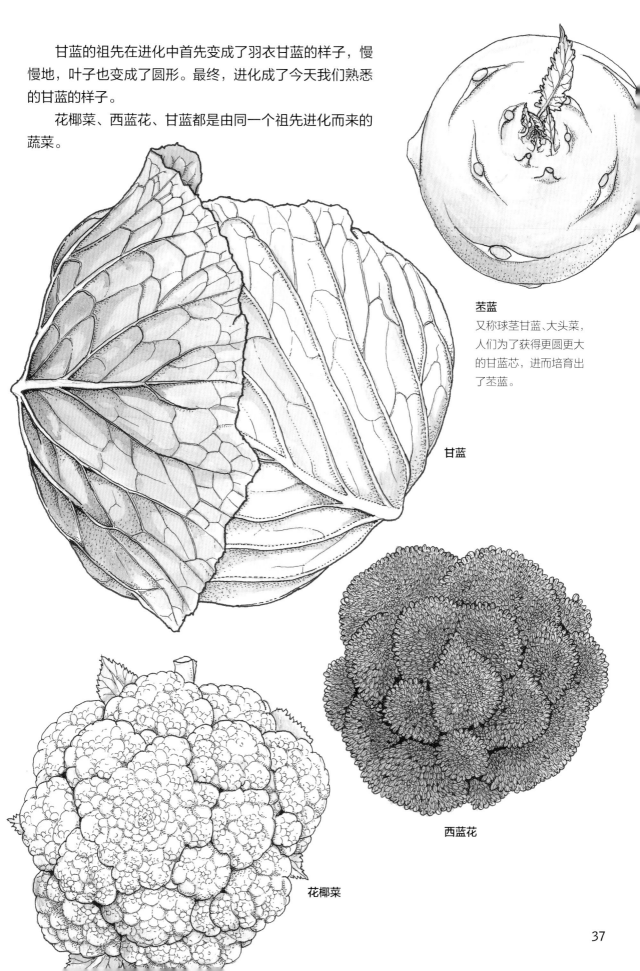

茎蓝
又称球茎甘蓝、大头菜，人们为了获得更圆更大的甘蓝芯，进而培育出了茎蓝。

甘蓝

西蓝花

花椰菜

"反复无常"的番茄

据说番茄原产于南美洲的海岸地带。野生番茄原本只能结出非常小的果实，对比我们今天所见的大番茄，这种变化还真是让人大吃一惊。不过我发现，最近一段时间非常小的番茄也出现在了蔬菜店的货架上。

"咦？怎么回事？返祖呀？"

人们栽种在田里的番茄偶尔也会"逃走"几个，在野外"定居"，这样的番茄结出的就是小果实。

番茄，你可真是"反复无常"啊！

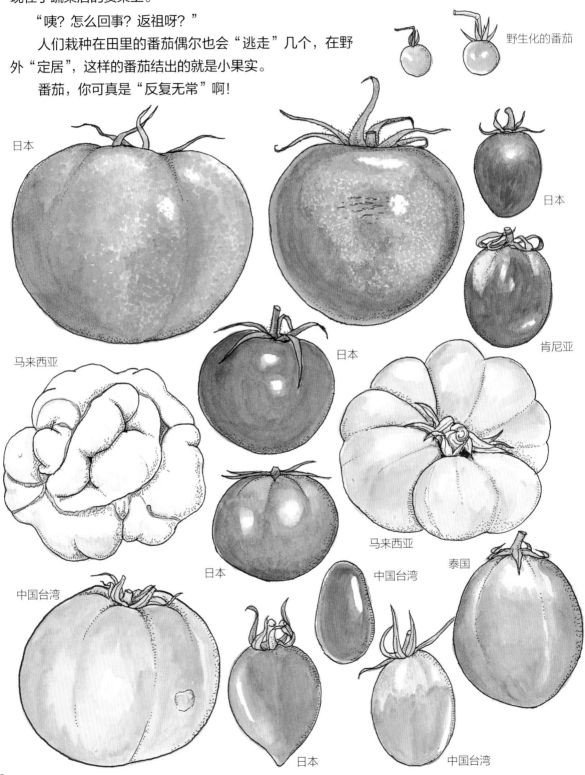

野生化的番茄

日本

日本

日本

肯尼亚

马来西亚

日本

马来西亚

中国台湾

中国台湾

泰国

日本

日本

中国台湾

品种多样的番茄

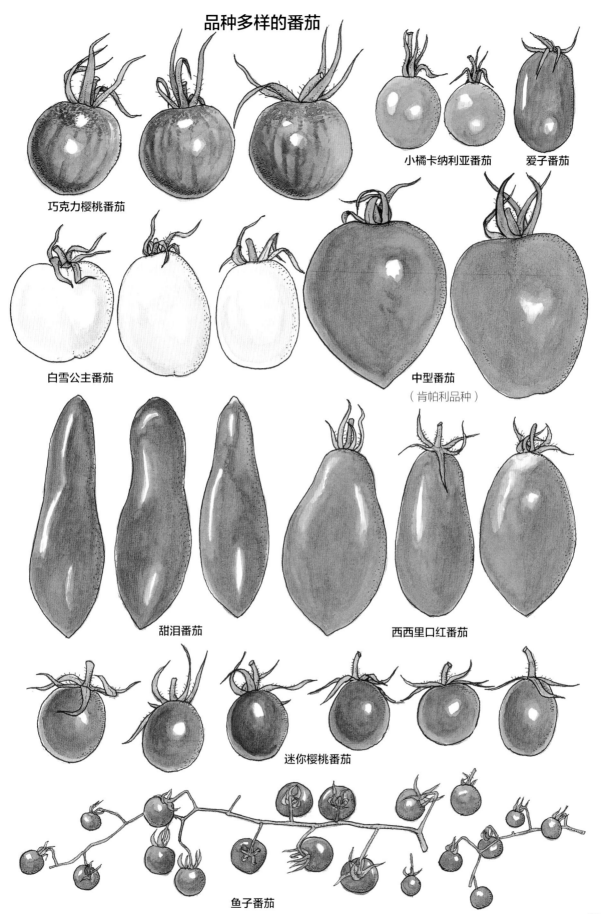

巧克力樱桃番茄

小橘卡纳利亚番茄

爱子番茄

白雪公主番茄

中型番茄
（肯帕利品种）

甜泪番茄

西西里口红番茄

迷你樱桃番茄

鱼子番茄

胡萝卜是什么颜色

"胡萝卜是什么颜色？"
"红色！"
"橙色！"
真的是这样吗？

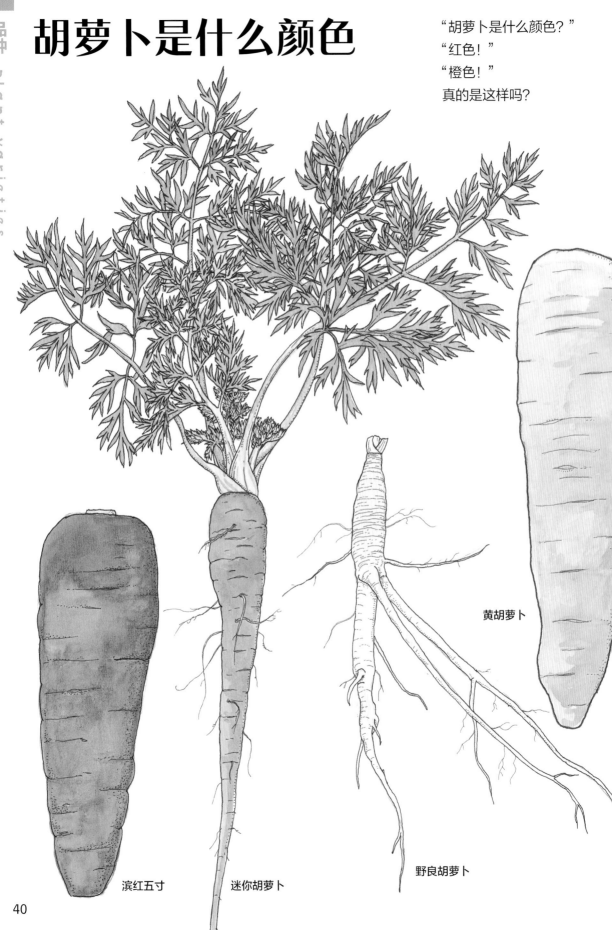

黄胡萝卜

野良胡萝卜

滨红五寸

迷你胡萝卜

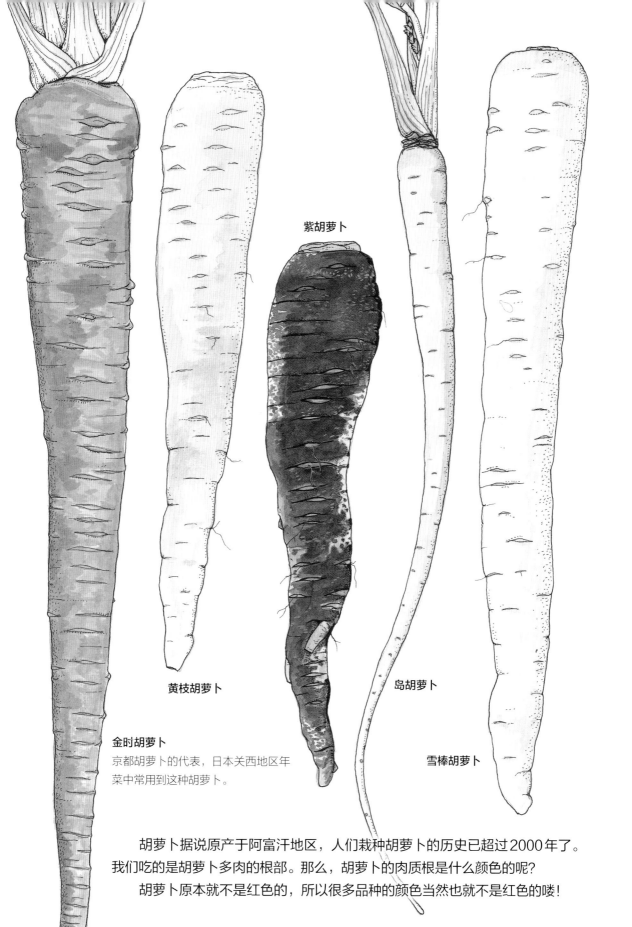

紫胡萝卜

黄枝胡萝卜

岛胡萝卜

金时胡萝卜
京都胡萝卜的代表，日本关西地区年
菜中常用到这种胡萝卜。

雪棒胡萝卜

　　胡萝卜据说原产于阿富汗地区，人们栽种胡萝卜的历史已超过2000年了。
我们吃的是胡萝卜多肉的根部。那么，胡萝卜的肉质根是什么颜色的呢？
　　胡萝卜原本就不是红色的，所以很多品种的颜色当然也就不是红色的喽！

你能区分它们吗

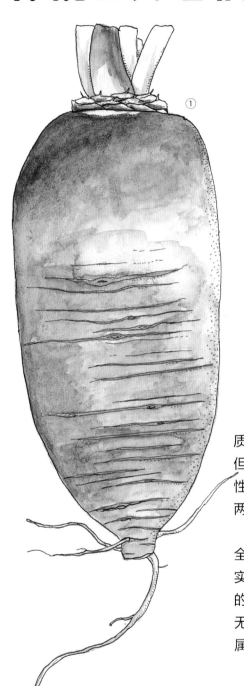

①

②

哪个是芜菁，哪个是萝卜，你分得出来吗？

我们吃芜菁和萝卜时，吃的都是它们的肉质根。虽然芜菁和萝卜的祖先是不同的植物，但人类为了食用它们的肉质根，对它们有选择性地进行了培育。经过不断地选择和进化，这两种蔬菜的外观也就越来越相似了。

萝卜也能开花结果，但它和芜菁确实是完全不同的两种植物。和芜菁有着相同祖先的其实是白菜以及小松菜——人们以食用叶子为目的对它们的祖先进行了品种改良。另一方面，无论是萝卜、芜菁还是白菜、小松菜，它们都属于十字花科。

萝卜的花和果实

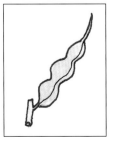

芜菁的花和果实

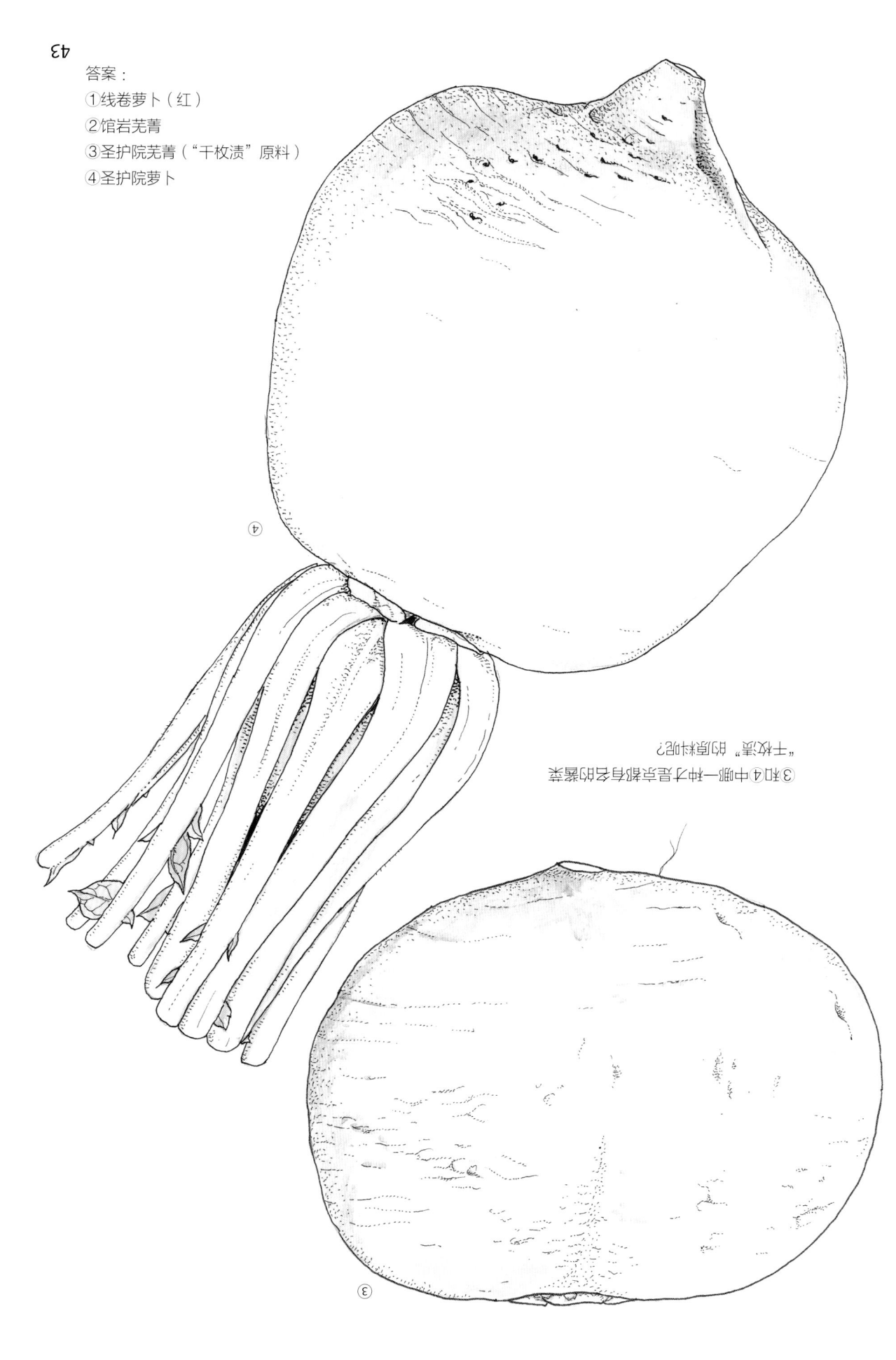

答案：
①线卷萝卜（红）
②馆岩芜菁
③圣护院芜菁（"千枚渍"原料）
④圣护院萝卜

③和④中哪一种才是京都有名的圆萝卜
"千枚渍"的原料呢？

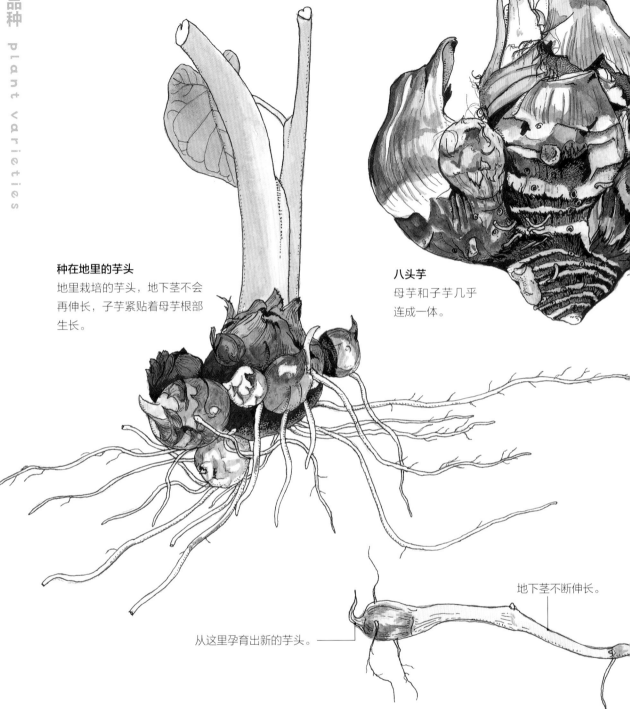

种在地里的芋头

地里栽培的芋头，地下茎不会再伸长，子芋紧贴着母芋根部生长。

八头芋

母芋和子芋几乎连成一体。

从这里孕育出新的芋头。

地下茎不断伸长。

芋头 "变形记"

    我们吃的芋头是它地底下的块茎。芋头的植株基部会形成短缩茎，并逐渐肥大成肉质球茎，我们把它称为"母芋"。母芋上还会长出细长的、横向生长的地下茎，并在末端形成小的球茎，称为"子芋"，子芋还可以形成"孙芋"。

    芋头经历这样一次变形，究竟要花费多少时间呢？

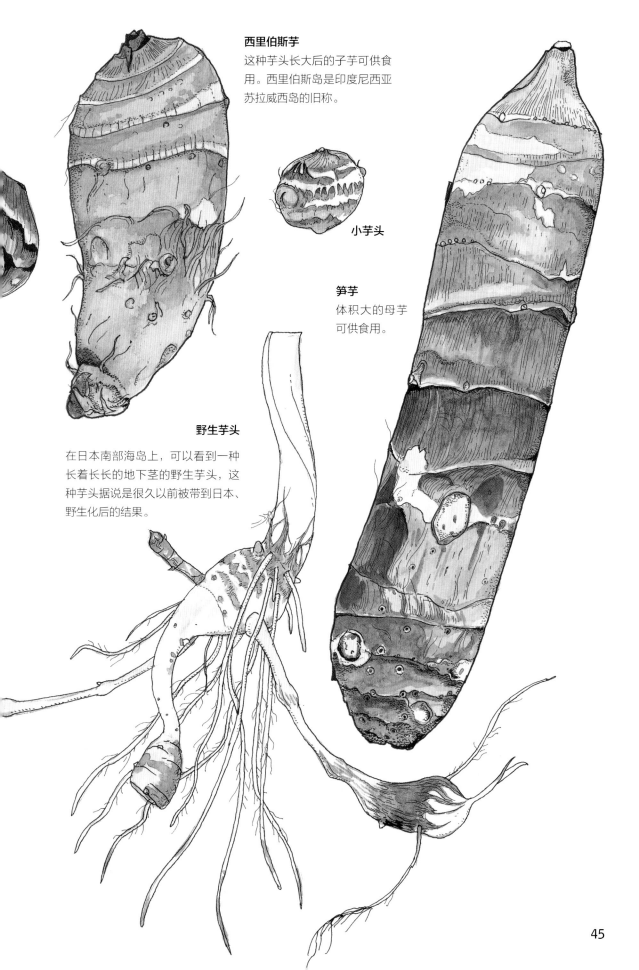

西里伯斯芋
这种芋头长大后的子芋可供食
用。西里伯斯岛是印度尼西亚
苏拉威西岛的旧称。

小芋头

笋芋
体积大的母芋
可供食用。

野生芋头

在日本南部海岛上，可以看到一种
长着长长的地下茎的野生芋头，这
种芋头据说是很久以前被带到日本、
野生化后的结果。

南瓜三兄弟

　　虽然它们看上去都像南瓜，但是其实很不一样。

　　南瓜属下有三个常见的种：笋瓜（又称印度南瓜）、南瓜（和其他南瓜一样原产于美洲大陆）和西葫芦。虽然这三种南瓜种类不同（祖先是不同种的植物），但长相却大同小异。

　　你能区分出它们谁是谁吗？

黑皮南瓜
（南瓜）

万圣节用
（西葫芦）

UFO南瓜（西葫芦）
盘状西葫芦，因形似UFO而得名。

雪花妆南瓜
（笋瓜）

贝贝南瓜
（笋瓜）

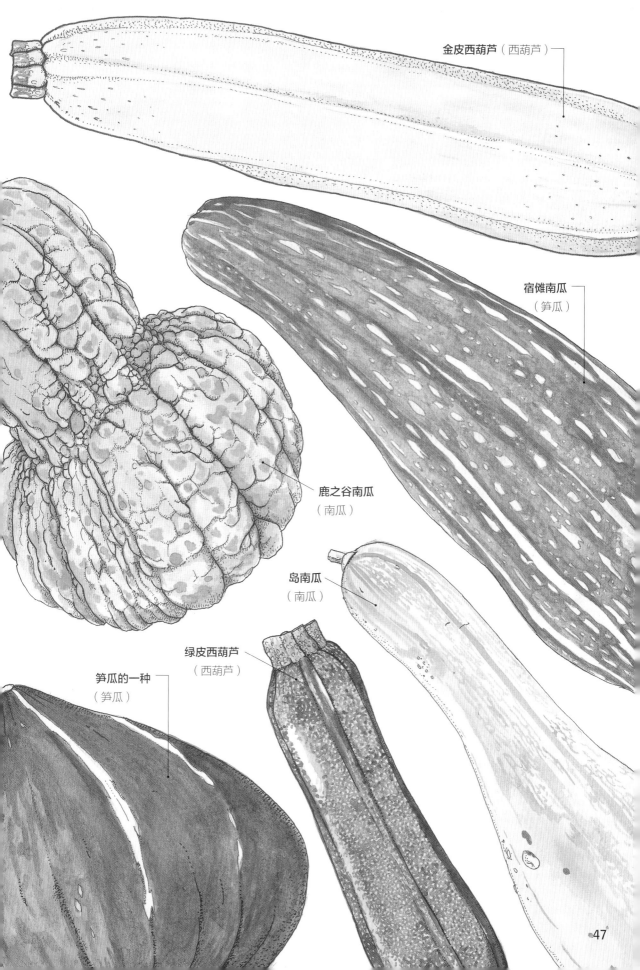

金皮西葫芦（西葫芦）

宿傩南瓜
（笋瓜）

鹿之谷南瓜
（南瓜）

岛南瓜
（南瓜）

绿皮西葫芦
（西葫芦）

笋瓜的一种
（笋瓜）

47

茄子也是世界遗产

　　原产于印度的茄子，现在被广泛栽种于世界各地。地域不同，人们喜欢的茄子颜色和形状也不尽相同。各种各样的蔬菜品种，经过了漫长的栽培历史，已经成为了当地人创造出的文化遗产的一部分。而那些在历史长河中失传了的蔬菜品种，便永远被遗失了。

　　这样看来，那些留存下来的蔬菜品种，也可以被看作是世界遗产了。

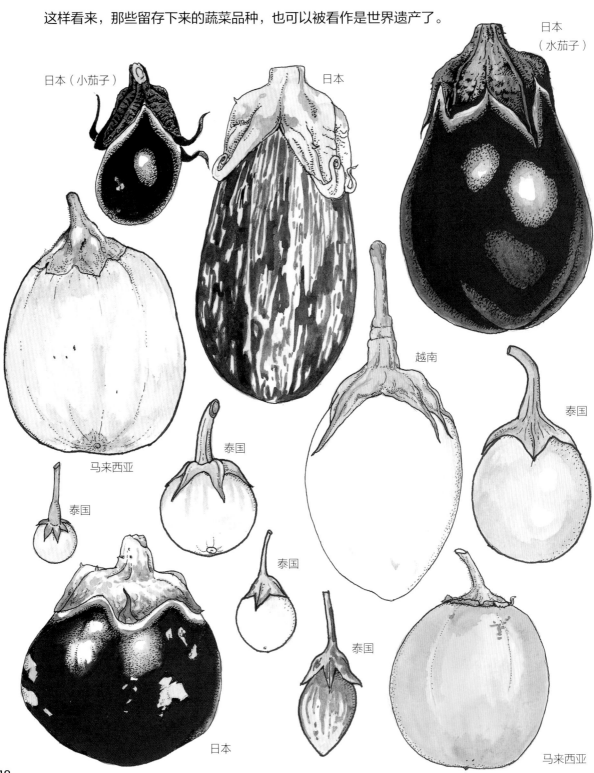

日本（小茄子）

日本

日本
（水茄子）

马来西亚

越南

泰国

泰国

泰国

泰国

泰国

日本

马来西亚

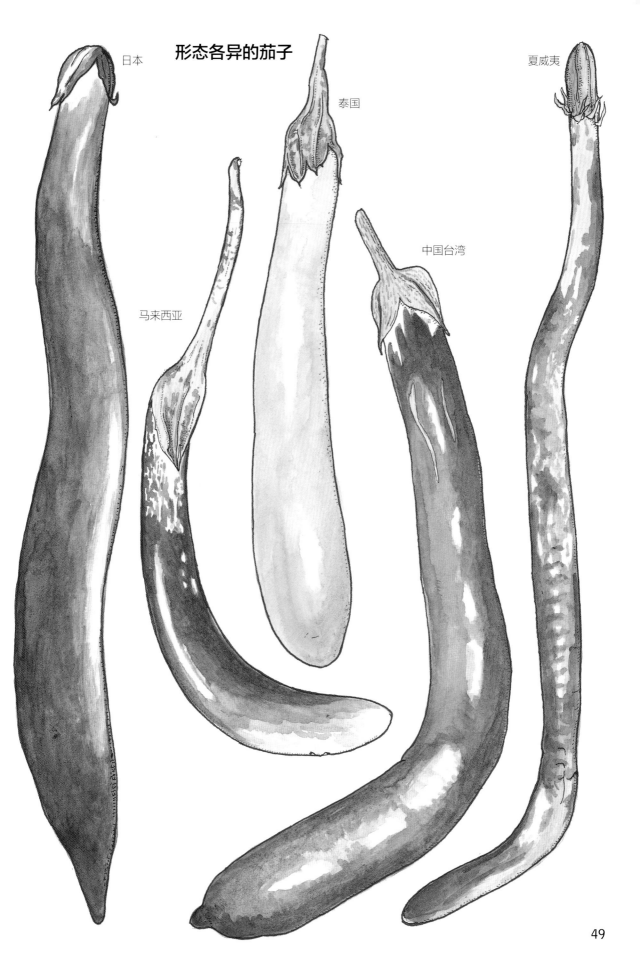

日本

形态各异的茄子

泰国

夏威夷

马来西亚

中国台湾

49

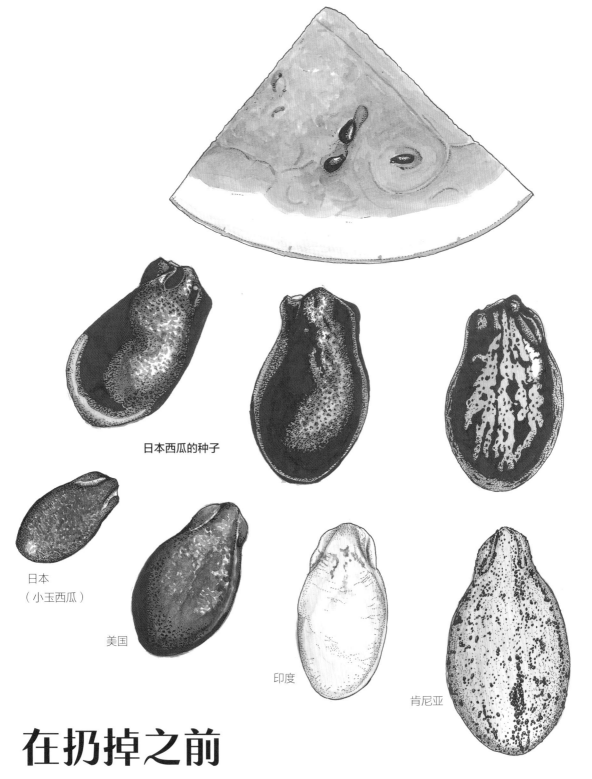

日本西瓜的种子

日本
（小玉西瓜）

美国

印度

肯尼亚

在扔掉之前

西瓜和香瓜都原产于非洲，经过漫长的旅程，它们终于到达了亚洲。

在非洲的卡拉哈里沙漠，西瓜是重要的食物，连种子都不会被轻易扔掉。这里的人们会把烤过的种子磨成粉，再搭配着果实一起吃掉。

在中国，还会种植一些只食用种子的西瓜品种呢！

所以，在你扔掉瓜子之前，不妨把它放在手上，想象一下西瓜辗转而神奇的旅程吧……

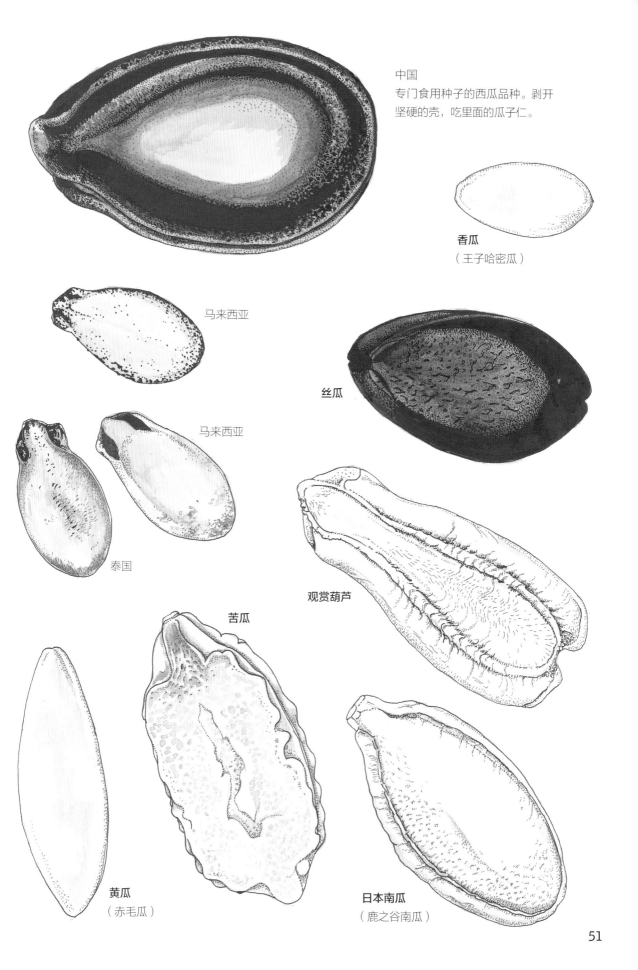

中国
专门食用种子的西瓜品种。剥开
坚硬的壳，吃里面的瓜子仁。

香瓜
（王子哈密瓜）

马来西亚

丝瓜

马来西亚

泰国

观赏葫芦

苦瓜

黄瓜
（赤毛瓜）

日本南瓜
（鹿之谷南瓜）

受欢迎的萝卜

　　我们平时吃的蔬菜原本是生长在世界各地的野生植物，人们发现它们能吃以后，会对其进行改良并把它们传播到其他地区，然后再由当地人对它们进行品种改良。萝卜可谓是日本最具代表性的蔬菜了，品种繁多。但是，萝卜并不是原产于日本的蔬菜，而是很早以前从中国传入日本的。虽然日本不是萝卜的原产地，但日本人从古至今都非常喜爱萝卜。这一点从日本拥有如此多样的萝卜品种就可见一斑了。

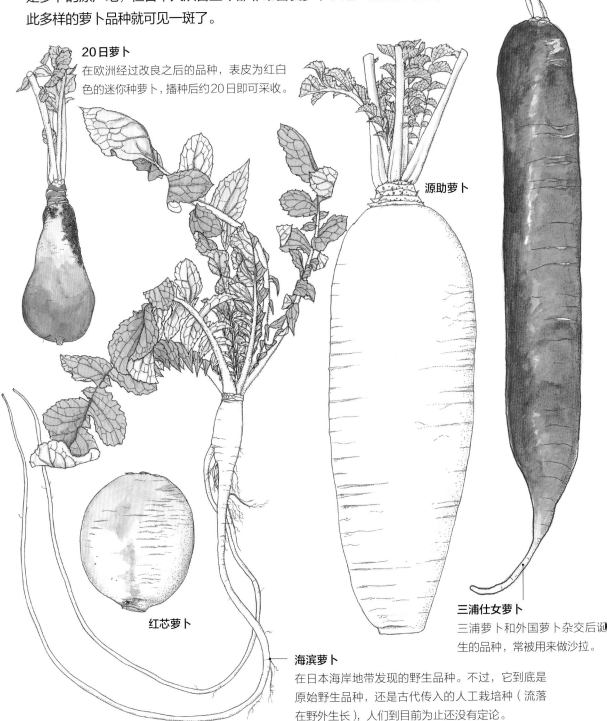

20日萝卜
在欧洲经过改良之后的品种，表皮为红白色的迷你种萝卜，播种后约20日即可采收。

源助萝卜

红芯萝卜

三浦仕女萝卜
三浦萝卜和外国萝卜杂交后诞生的品种，常被用来做沙拉。

海滨萝卜
在日本海岸地带发现的野生品种。不过，它到底是原始野生品种，还是古代传入的人工栽培种（流落在野外生长），人们到目前为止还没有定论。

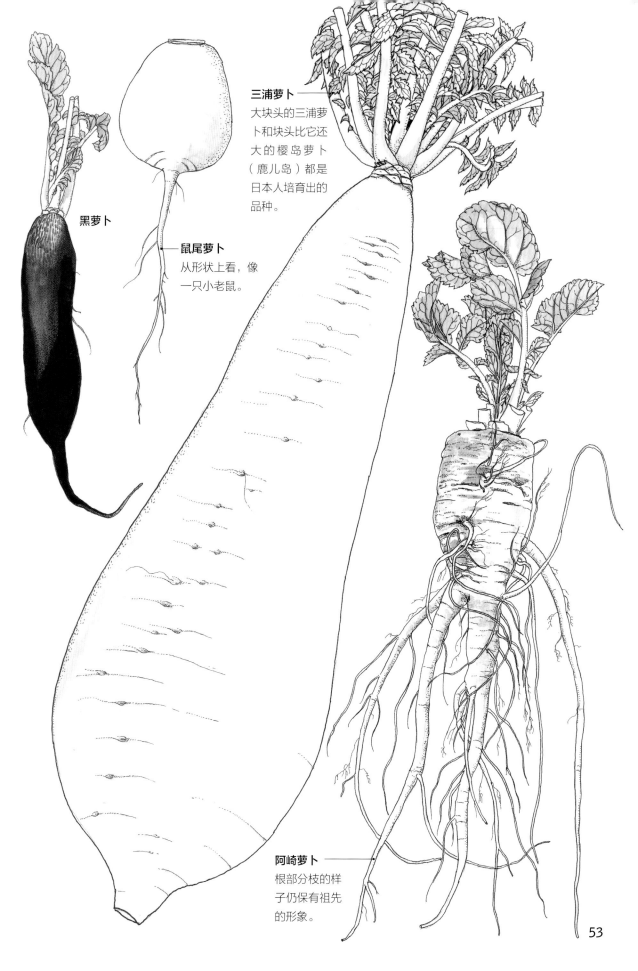

黑萝卜

鼠尾萝卜
从形状上看，像
一只小老鼠。

三浦萝卜
大块头的三浦萝
卜和块头比它还
大的樱岛萝卜
（鹿儿岛）都是
日本人培育出的
品种。

阿崎萝卜
根部分枝的样
子仍保有祖先
的形象。

芜菁的传播

芜菁也是在古代就已经传入日本的一种蔬菜，很多品种至今在日本各地仍有种植。其中的一些品种只有在当地才能见到，生活在其他地区的人根本无缘得见，更别说吃啦！

①

③⑤丹后红芜菁、白芜菁

⑥岩手大坪芜菁

④木曽开田芜菁

①日野菜
京都名产，常被用来制作酱菜。

②平家芜菁
宫崎县椎野村从古代起就栽种在田地里的一种芜菁。

②

你真的了解它们吗

今天的晚饭是什么？肯定少不了蔬菜吧？

端上餐桌的菜肴那么多种，有一些你很熟悉，也了解它的全部食材。但是，有一些你也许根本不知道是用什么蔬菜做的吧？例如，你知道日式咖喱饭或关东煮当中用到了哪些蔬菜吗？

让我们一起来看看吧！

咖喱饭中放的福神渍里面含有刀豆。用于福神渍的是刀豆的嫩豆荚。

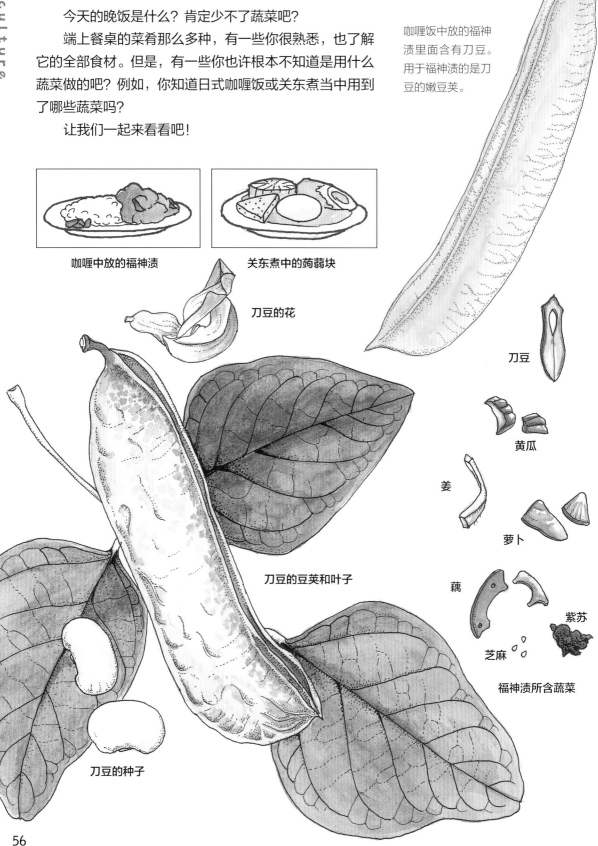

咖喱中放的福神渍

关东煮中的蒟蒻块

刀豆的花

刀豆

黄瓜

姜

萝卜

藕

紫苏

芝麻

福神渍所含蔬菜

刀豆的豆荚和叶子

刀豆的种子

蒟蒻的幼苗

关东煮中的蒟蒻块是用天
南星科魔芋属的蒟蒻的块
茎制成的。

蒟蒻的花
蒟蒻的块茎长大之
后，可以提供养分
使蒟蒻开出花来。

蒟蒻的果实和种子

蒟蒻的块茎
蒟蒻的块茎和土豆等不同，
它里面储存的不是淀粉，而
是甘露聚糖。

怎么吃才好吃

　　每个地区都有自己代表性的蔬菜品种，每种蔬菜也有不同的吃法。在悠长的岁月中，不同地区人们的饮食习惯就慢慢形成各具特色的饮食文化。

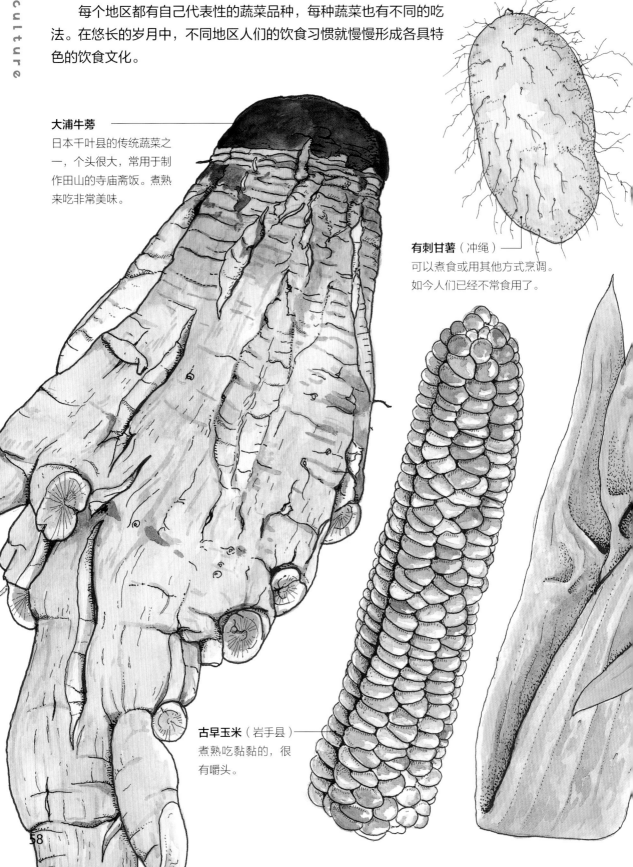

大浦牛蒡
日本千叶县的传统蔬菜之一，个头很大，常用于制作田山的寺庙斋饭。煮熟来吃非常美味。

有刺甘薯（冲绳）
可以煮食或用其他方式烹调。如今人们已经不常食用了。

古早玉米（岩手县）
煮熟吃黏黏的，很有嚼头。

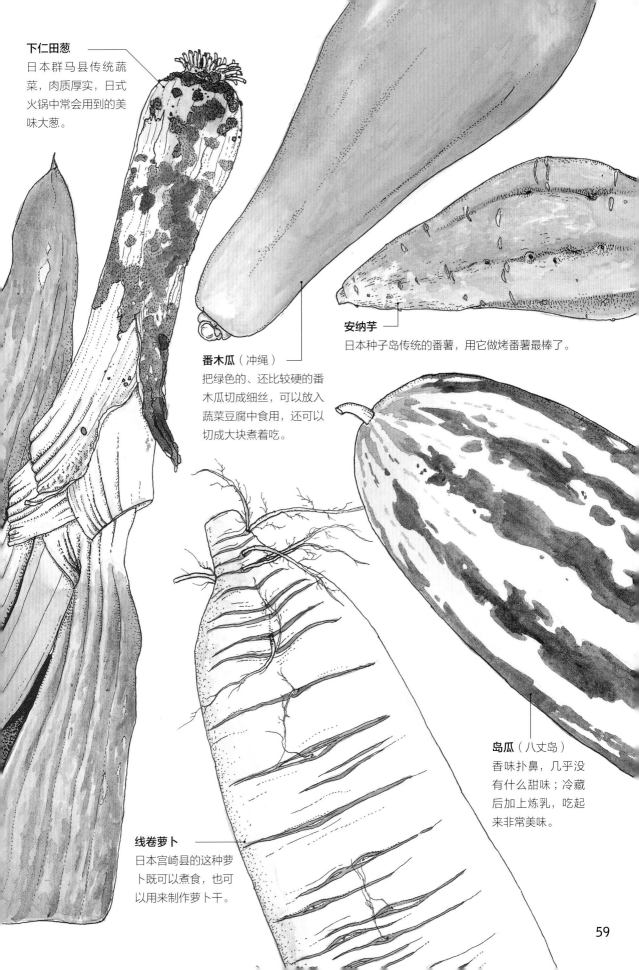

下仁田葱
日本群马县传统蔬菜，肉质厚实，日式火锅中常会用到的美味大葱。

番木瓜（冲绳）
把绿色的、还比较硬的番木瓜切成细丝，可以放入蔬菜豆腐中食用，还可以切成大块煮着吃。

安纳芋
日本种子岛传统的番薯，用它做烤番薯最棒了。

岛瓜（八丈岛）
香味扑鼻，几乎没有什么甜味；冷藏后加上炼乳，吃起来非常美味。

线卷萝卜
日本宫崎县的这种萝卜既可以煮食，也可以用来制作萝卜干。

猜猜我是谁

去田野里转转吧，地里种着好多蔬菜呢。在这里，你会遇到跟你在餐桌上或市场上看到的长得完全不一样的蔬菜。例如你平常看不到的蔬菜开花、结果的样子。

蔬菜虽然是食物，但是在这之前，它们是生长在自然中的植物。

当你看到那些蔬菜与平时所见完全不同的样子时，你还能认出它们是谁吗？

Q：你知道它们是哪些蔬菜吗？答案在第63页。

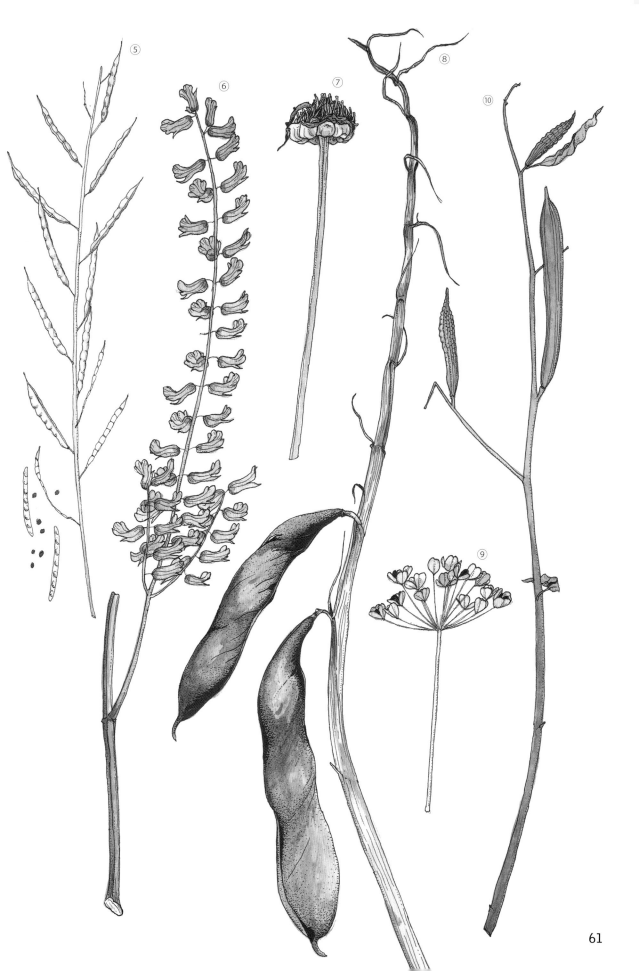

本书中出场的蔬菜

本书中出现的蔬菜依音序排列，加粗字体表示蔬菜种类，未加粗字体表示品种名称。

答案：
你吃过这些蔬菜吗（第2页）
❶ 雪棒胡萝卜 ❷ 番茄 ❸ 藕 ❹ 宿傩南瓜 ❺ 棱角丝瓜 ❻ 蒜 ❼ 苦瓜 ❽ 有刺甘薯 ❾ 国分鲜红大长（胡萝卜）❿ 馆岩芜菁 ⓫ 红芯萝卜 ⓬ 菊薯 ⓭ 火葱 ⓮ 赤毛瓜（黄瓜）⓯ 岛南萝卜 ⓰ 苤蓝 ⓱ 木薯 ⓲ 笋芋 ⓳ 黄瓜 ⓴ 紫胡萝卜 ㉑ 马铃薯 ㉒ 丹后红芜菁 ㉓ 大浦牛蒡 ㉔ 甜豌豆 ㉕ 葫芦 ㉖ 金时胡萝卜 ㉗ 佛手瓜 ㉘ 黄枝胡萝卜 ㉙ 五寸胡萝卜 ㉚ 日野菜（芜菁）㉛ 紫薯

猜猜我是谁（第60页）
① 油菜 ② 牛蒡 ③ 葱 ④ 萝卜 ⑤ 芥菜 ⑥ 紫苏 ⑦ 茼蒿 ⑧ 蚕豆 ⑨ 韭菜 ⑩ 长蒴黄麻

作者简介

[日] 盛口 满

1962年生于日本千叶县，千叶大学理科部生物学专业毕业，外号"螳螂先生"。自1985年起任职于自由之森学园，担任初、高中部生物课的教师。2000年从该校辞职后，移居冲绳，接着担任NPO法人珊瑚舍学校的教师。2007年任教于冲绳大学人文学部。著作包括《我的收藏：寻找大自然的宝藏》（福音馆书店，后浪引进）、《如何描画生物——观察自然的方法》（东京大学出版会，后浪引进）、《螳螂先生的蔬菜探险记》（木魂社）、《捡拾采集我的橡实图鉴》（岩崎书店）、《制造泥土的生物——杂木林的绘本》（合著·岩崎书店）等。

《盛口满的手绘自然图鉴》系列

即将出版   即将出版

图书在版编目（CIP）数据

盛口满的手绘自然图鉴.蔬菜的植物学 / (日) 盛口满文、图；杨媛译. -- 北京：中国友谊出版公司，2019.4（2023.7重印）
ISBN 978-7-5057-4630-5

Ⅰ.①盛… Ⅱ.①盛… ②杨… Ⅲ.①蔬菜—图集 Ⅳ.①S6-64

中国版本图书馆CIP数据核字(2019)第039356号

MITEBIKKURI YASAI NO SYOKUBUTSU GAKU
© MITSURU MORIGUCHI 2012
Originally published in Japan in 2012 by SHONEN SHASHIN SHIMBUNSHA、INC.
Chinese(Simplified Character only) translation rights arranged with
SHONEN SHASHIN SHIMBUNSHA、INC. through TOHAN CORPORATION, TOKYO.
Simplified Chinese translation edition is published by Ginkgo(Beijing) Book Co., Ltd.

本书中文简体版权归属于银杏树下（北京）图书有限责任公司

著作权合同登记号 图字：01-2019-0882

书　　名　盛口满的手绘自然图鉴：蔬菜的植物学
作　　者　[日]盛口满 文·图
译　　者　杨　媛
筹划出版　后浪出版公司
出版统筹　吴兴元
编辑统筹　冉华蓉
责任编辑　周亚灵
助理编辑　高　榕
特约编辑　康晴晴
营销推广　ONEBOOK
装帧制造　墨白空间·唐志永

经　　销　新华书店
出版发行　中国友谊出版公司
　　　　　北京市朝阳区西坝河南里17号楼
　　　　　邮编 100028　电话（010）64678009
印　　刷　天津图文方嘉印刷有限公司
规　　格　787×1092毫米　16开
　　　　　4.5印张　52千字
版　　次　2019年5月第1版
印　　次　2023年7月第6次印刷
书　　号　ISBN 978-7-5057-4630-5
定　　价　49.80元

官方微博：@浪花朵朵童书
读者服务：reader@hinabook.com 188-1142-1266
投稿服务：onebook@hinabook.com 133-6637-2326
直销服务：buy@hinabok.com 133-6657-3072

四季蔬菜小课堂

　　蔬菜是我们餐桌上必不可少的食物，我们一年四季都在吃各种各样的蔬菜。你有没有去超市或者集市上买过蔬菜？你知道怎么挑选蔬菜吗？

　　其实，无论什么蔬菜，应季的才能孕育出自然的味道，好吃又便宜！将蔬菜的产期和挑选要点记在心里后，你就掌握挑选蔬菜的"秘诀"了。

	蔬菜名称	学名	别称	产期	挑选方法
春季蔬菜	鸭儿芹	*Cryptotaenia japonica*	野蜀葵、山芹菜	3—5月	叶片多、颜色浅且叶脉清晰的鸭儿芹香味会更浓郁，茎粗且饱满的会更爽脆。
	菠菜	*Spinacia oleracea*	波斯菜、赤根菜、菠薐菜	2—4月	颜色深绿、植株粗肥的比较好。菠菜不耐放。
	莴苣	*Lactuca sativa*	千金菜、莴笋、青笋	4—5月	叶子青绿、有光泽，茎部为干净白色的较好。
	豆瓣菜	*Nasturtium officinale*	西洋菜、水田芥、水薄菜	4—5月	叶子密集、分枝多、茎粗圆润的风味更佳。适宜泡水后生吃。
	芦笋	*Asparagus officinalis*	石刁柏	4—6月	顶端饱满、呈浅绿色、叶鞘呈正三角形、分布均匀的较好。开叉太多的口感会较老。
夏季蔬菜	姜	*Zingiber officinale*	生姜、白姜	嫩姜6—8月；老姜一年四季都有	筋络均匀、饱满的较好。嫩姜含水量高、辣味清爽；老姜颜色深、辣味强烈。
	菜椒	*Capsicum annuum* var. *grossum*	灯笼椒、甜椒、青椒	6—8月	表皮有光泽、无黑斑、果肉肥厚、饱满隆起的较好。
	黄瓜	*Cucumis sativus*	胡瓜、青瓜	6—8月	表皮呈浅绿色、表面有刺状突起的较幼嫩好吃。
	西葫芦	*Cucurbita pepo*	夏南瓜、翠玉瓜、美洲南瓜	春播的在6—7月采收；秋播的在10—11月采收	瓜蒂粗、尾部筋络多、个头相对较小的好吃。
	苦瓜	*Momordica charantia*	凉瓜、癞葡萄	6—9月	蒂头要新鲜，表皮颜色越绿越苦。
	番茄	*Solanum lycopersicum*	西红柿、洋柿子	6—9月	形状圆润、蒂位于中央的番茄果肉更为紧凑，相同大小较沉的番茄甜度较高。
	红豆	*Vigna angularis*	赤豆、小豆	7—8月	颗粒大小均匀、饱满，颜色鲜艳、有光泽的较好。
	茄子	*Solanum melongena*	落苏、矮瓜	7—9月	表皮富有光泽且紧致饱满，萼片部分有倒三角形的刺且均匀分布的较好。
	蒜	*Allium sativum*	大蒜	6—9月 新蒜在夏季上市	形态饱满、茎位于中央、有一定分量的较好。
	秋葵	*Abelmoschus esculentus*	黄秋葵、补肾草	6—8月	表面呈浅绿色、有细密绒毛、棱角凸出不下凹且瓜蒂下面隆起饱满的较好。如果表面发黑，说明已经不新鲜了。